U0743577

电网企业
员工安全技术等级培训 系列教材

输电线路带电作业

国网浙江省电力公司　组编

中国电力出版社
CHINA ELECTRIC POWER PRESS

内 容 提 要

为提高电网企业生产岗位人员的安全技术水平,推进生产岗位人员安全技术等级培训、考核、认证工作,国网浙江省电力公司组织编写了《电网企业员工安全技术等级培训系列教材》。本系列教材共 20 分册,包括 1 个《公共安全知识》分册和 19 个专业分册。

本书是《输电线路带电作业》分册,内容包括基本安全要求、保证安全的组织措施和技术措施、作业安全风险辨识评估与控制、现场标准化作业、生产现场的安全设施、典型违章举例与事故案例分析、安全技术劳动保护措施和反事故措施、班组管理和作业安全监督八个部分。

本系列教材是电网企业员工安全技术等级培训的专用教材,可作为生产岗位人员安全培训的辅助教材,宜采用《公共安全知识》分册加专业分册配套使用的形式开展学习培训。

图书在版编目(CIP)数据

输电线路带电作业 / 国网浙江省电力公司组编. —北京:中国电力出版社,2016.6(2024.6 重印)
电网企业员工安全技术等级培训系列教材
ISBN 978-7-5123-9215-1

Ⅰ. ①输… Ⅱ. ①国… Ⅲ. ①输电线路—带电作业—技术培训—教材 Ⅳ.①TM726

中国版本图书馆 CIP 数据核字(2016)第 078017 号

中国电力出版社出版、发行
(北京市东城区北京站西街 19 号 100005 http://www.cepp.sgcc.com.cn)
固安县铭成印刷有限公司印刷
各地新华书店经售

*

2016 年 6 月第一版 2024 年 6 月北京第二次印刷
710 毫米×980 毫米 16 开本 7.75 印张 126 千字
印数 1001—1300 册 定价 35.00 元

编写委员会

主　任　阙　波

副主任　吴　哲　　徐　林　　吴剑凌　　潘巍巍　　方旭初　　郑新伟
　　　　朱维政　　温华明　　沈灵兵　　张　巍　　钱　泱

成　员　章伟林　　张学东　　郭建平　　潘王新　　黄陆明　　周　辉
　　　　周晓虎　　虞良荣　　叶代亮　　陈　蕾　　杨　扬　　姚集新
　　　　黄文涛　　金坚贞　　陶鸿飞　　陆德胜　　杨德超　　叶克勤
　　　　董旭明　　翁格平　　傅利成　　金国亮　　姚建立　　季凌武
　　　　李向军　　黄　胜　　林土方　　吴宏坚　　王　勇　　吴良军
　　　　毛启华

本册编写人员

周晓虎　　赵志勇　　汪建勤　　叶克勤

前　言

为贯彻"安全第一、预防为主、综合治理"的方针，落实《国家电网公司安全工作规定》对于教育培训的具体要求，进一步提高电网企业生产岗位人员的安全技术水平，推进生产岗位人员安全技术等级培训、考核、认证工作，夯实电网企业安全管理基础，国网浙江省电力公司在国家电网公司系统率先建立了与专业岗位任职资格相结合的员工安全技术等级培训认证体系。该体系确定了层次分明的五级安全技术等级认证标准，明确不同岗位所对应的安全等级和职业技术等级。

为了推进安全技术等级培训工作，国网浙江省电力公司组织编写了涵盖所有生产岗位人员的安全技术等级培训大纲和培训教材，并采用网络学习与脱产普训相结合的培训形式，有序开展各等级安全技术等级培训与鉴定工作。至 2015 年 6 月，历时 3 年完成全体生产岗位员工的第一轮安全技术等级培训认证。

根据国家电网公司不断提升安全生产工作的要求，以及新一轮员工安全技术等级资质复审培训工作的需要，国网浙江省电力公司组织近百位专家和培训师，在原有员工安全技术等级培训教材的基础上进行修订和完善，形成《电网企业员工安全技术等级培训系列教材》。本系列教材全套共计 20 册，包括《公共安全知识》分册和《变电检修》《电气试验》《变电运维》《输电线路》《输电线路带电作业》《继电保护》《电网调控》《自动化》《电力通信》《配电运检》《电力电缆》《配电带电作业》《电力营销》《变电一次安装》《变电二次安装》《线路架设》《水电厂水工》《水电厂机械检修》《水电厂自动化检修》19 个专业分册。

《公共安全知识》分册内容包含安全生产法规制度知识、安全管理知识、现场作业安全知识三个部分；各专业分册包括相应专业的基本安全要求、保证安全的组织措施和技术措施、作业安全风险辨识评估与控制、现场标准化作业、生产现场的安全设施、典型违章举例与事故案例分析、安全技术劳动保护措施和反事故措施、班组管理和作业安全监督八个部分。

　　本系列教材为电网企业员工安全技术等级培训专用教材，也可作为生产岗位人员安全培训辅助教材，宜采用《公共安全知识》分册加专业分册配套使用的形式开展学习培训。

　　鉴于编者水平有限，不足之处，敬请读者批评指正。

编者

2016 年 5 月

目　录

第一章　基本安全要求

第一节　一般安全要求

一、一般规定

（1）在海拔 1000m 及以下，交流 10～1000kV、直流±500～±800kV（750kV 为海拔 2000m 以下的值）的高压架空电力线路、变电站（发电厂）电气设备上，采用等电位、中间电位和地电位方式进行的带电作业，应遵守 Q/GDW1799.2《国家电网公司电力安全工作规程线路部分》（以下简称《安规》）的相关安全要求。

在海拔 1000m 以上（750kV 为海拔 2000m 以上）带电作业时，应根据作业区不同海拔高度，修正各类空气与固体绝缘的安全距离和长度、绝缘子片数等，并编制带电作业现场安全规程，经本单位批准后执行。

（2）带电作业应在良好天气下进行。如遇雷电（听见雷声、看见闪电）、雪、雹、雨、雾等，禁止进行带电作业。风力大于 5 级，或湿度大于 80% 时，不宜进行带电作业。

在特殊情况下，必须在恶劣天气进行带电抢修时，应组织有关人员充分讨论并编制必要的安全措施，经本单位批准后方可进行。

（3）对于比较复杂、难度较大的带电作业新项目和研制的新工具，应进行科学试验，确认安全可靠，编制操作工艺方案和安全措施，并经本单位批准后，方可进行和使用。

（4）参加带电作业的人员，应经专门培训，并经考试合格取得资格、单位批准后，方能参加相应的作业。带电作业工作票签发人和工作负责人、专责监护人应由具有带电作业资格、带电作业实践经验的人员担任。

（5）带电作业应设专责监护人。监护人不准直接操作。监护的范围不准超过一个作业点。复杂或高杆塔作业必要时应增设（塔上）监护人。

（6）带电作业工作票签发人或工作负责人认为有必要时，应组织有经验的人员到现场勘察，根据勘察结果作出能否进行带电作业的判断，并确定作业方法和所需工具以及应采取的措施。

（7）带电作业有下列情况之一者，应停用重合闸或直流再启动保护，并不准强送电，禁止约时停用或恢复重合闸及直流再启动功能：

1）中性点有效接地的系统中有可能引起单相接地的作业；

2）中性点非有效接地的系统中有可能引起相间短路的作业；

3）直流线路中有可能引起单极接地或极间短路的作业；

4）工作票签发人或工作负责人认为需要停用重合闸或直流再启动功能的作业。

（8）带电作业工作负责人在带电作业工作开始前，应与值班调控人员联系。需要停用重合闸或直流再启动功能的作业和带电断、接引线应由值班调控人员履行许可手续。带电作业结束后应及时向值班调控人员汇报。

（9）在带电作业过程中如遇设备突然停电，作业人员应视设备仍然带电。工作负责人应尽快与调控人员联系，值班调控人员未与工作负责人取得联系前不准强送电。

二、一般安全技术措施

（1）进行地电位带电作业时，人身与带电体间的安全距离不能小于表 1-1 的规定。35kV 及以下的带电设备不能满足表 1-1 规定的最小安全距离时，应采取可靠的绝缘隔离措施。

表 1-1　　　　　　　　带电作业时人身与带电体的安全距离

电压等级（kV）	10	35	66	110	220	330	500	750	1000	±400	±500	±660	±800
距离（m）	0.4	0.6	0.7	1.0	1.8 (1.6)[①]	2.6	3.4 (3.2)[②]	5.2 (5.6)[③]	6.8 (6.0)[④]	3.8[⑤]	3.4	4.5[⑥]	6.8

注　表中数据是根据线路带电作业安全要求提出的。

① 220kV 带电作业安全距离因受设备限制达不到 1.8m 时，经单位批准，并采取必要的措施后，可采用括号内 1.6m 的数值。

② 海拔 500m 以下，500kV 取值为 3.2m，但不适用于 500kV 紧凑型输电线路。海拔在 500～1000m 时，500kV 取值为 3.4m。

③ 直线塔边相或中相值。5.2m 为海拔 1000m 以下值，5.6m 为海拔 2000m 以下值。

④ 此为单回输电线路数据，括号中数据 6.0m 为边相，6.8m 为中相。表中数值不包括人体占位间隙，作业中需考虑人体占位间隙不得小于 0.5m。

⑤ ±400kV 数据是按海拔 3000m 校正的，海拔为 3500、4000、4500、5000、5300m 时最小安全距离依次为 3.90、4.10、4.30、4.40、4.50m。

⑥ ±660kV 数据是按海拔 500～1000m 校正的，海拔 1000～1500m、1500～2000m 时最小安全距离依次为 4.7、5.0m。

（2）绝缘操作杆、绝缘承力工具和绝缘绳索的有效绝缘长度不能小于表1-2的规定。

表1-2　　　　　　　　　绝缘工具最小有效绝缘长度

电压等级（kV）	有效绝缘长度（m）	
	绝缘操作杆	绝缘承力工具、绝缘绳索
10	0.7	0.4
35	0.9	0.6
66	1.0	0.7
110	1.3	1.0
220	2.1	1.8
330	3.1	2.8
500	4.0	3.7
750	5.3	5.3
	绝缘工具最小有效绝缘长度（m）	
1000	6.8	
±400	3.75[①]	
±500	3.7	
±660	5.3	
±800	6.8	

① ±400kV 数据是按海拔 3000m 校正的，海拔为 3500、4000、4500、5000、5300m 时最小有效绝缘长度依次为 3.90、4.10、4.25、4.40、4.50m。

（3）带电作业不准使用非绝缘绳索（如棉纱绳、白棕绳、钢丝绳）。

（4）带电更换绝缘子或在绝缘子串上作业，应保证作业中良好绝缘子片数不少于表1-3的规定。

表1-3　　　　　　　　　良好绝缘子最少片数

电压等级（kV）	35	66	110	220	330	500	750	1000	±500	±660	±800
片数	2	3	5	9	16	23	25[①]	37[②]	22[③]	25[④]	32[⑤]

① 海拔 2000m 以下时，750kV 良好绝缘子最少片数，应根据单片绝缘子高度按照良好绝缘子总长度不小于 4.9m 确定，由此确定 xwp300 绝缘子（单片高度为 195mm），良好绝缘子最少片数为 25 片。

② 海拔 1000m 以下时，1000kV 良好绝缘子最少片数，应根据单片绝缘子高度按照良好绝缘子总长度不小于 7.2m 确定，由此确定（单片高度为 195mm），良好绝缘子最少片数为 37 片。表中数值不包括人体占位间隙，作业中需考虑人体占位间隙不得小于 0.5m。

③ 单片高度 170mm。

④ 海拔 500～1000m 以下时，±660kV 良好绝缘子最少片数，应根据单片绝缘子高度按照良好绝缘子总长度不小于 4.7m 确定，由此确定（单片绝缘子高度为 195mm），良好绝缘子最少片数为 25 片。

⑤ 海拔 1000m 以下时，±800kV 良好绝缘子最少片数，应根据单片绝缘子高度按照良好绝缘子总长度不小于 6.2m 确定，由此确定（单片绝缘子高度为 195mm），良好绝缘子最少片数为 32 片。

（5）在绝缘子串未脱离导线前，拆、装靠近横担的第一片绝缘子时，应采用专用短接线或穿屏蔽服方可直接进行操作。

（6）在市区或人口稠密的地区进行带电作业时，工作现场应设置围栏，派专人监护，禁止非工作人员入内。

（7）非特殊需要，不应在跨越处下方或邻近有电力线路或其他弱电线路的档内进行带电架、拆线的工作。如需进行，则应制订可靠的安全技术措施，经本单位批准后方可进行。

三、强电场的防护

带电作业中遇到的电场几乎都是不对称分布的极不均匀电场。作业人员在攀登杆塔或变电站构架，由地电位进入强电场的过程中，构成了各种各样的电场。

运行中的导线表面及周围空间存在着电场，且属于不均匀电场，导线表面的电场强度高于周围空间的电场强度。影响导线表面及周围空间电场强度的因素是多方面的，主要包括：输电线路运行电压、相间距离与分布、导线对地高度、分裂导线数目、分裂距与子导线的直径、导线表面状况、当地气象条件等。根据理论计算，500kV 系统中若采用 LGJ—300 型导线、四分裂、分裂距 45cm×45cm，则导线表面最高场强为 1550/2250（有效值／峰值）kV/m。

1. 强电场对人体的生态效应

工频强电场对人体的影响，可以分为短时效应和长期效应。工频强电场对人体的长期效应严重，是带电作业人员非常关心的问题，国际上也曾经争论多年。

1982 年，世界健康组织中的关于输电系统产生的电磁场对人体健康影响的工作组织发表了如下声明：

（1）试验研究表明，电场强度至 20kV/m 以内不会有害于健康；

（2）对高压变电站及输电线路工作人员的长期观察未发现对健康不利影响。

国内权威机构研究结论是：

（1）在试验装置电场强度为 40kV/m 时（相当于现有输变电站下工作人员所受到的场强值）未发现对动物的生理学带来影响；

（2）如果场强提高到 100kV/m 时，就会出现场强对动物生理学带来影响；

（3）从超高压电场作业人员健康状况的动态观察和 500kV 输电线路走廊内卫生学调查结果也未发现有条件下的生态影响。

2. 人体在强电场中的生理感觉

带电作业人员在强电场中时，身体外表会出现不适感觉，这个问题与作业安全直接相关，应引起关注。

（1）电风感觉。人体在强电场中有风吹的感觉，这是因为强电场中的人体会带上感应电荷，而电荷会堆积在表面的尖端部位（如指尖、鼻尖等）使这些尖端部分周围的局部场强得到加强，从而使这里的空气产生游离，出现离子移动所引起的风，这种"电风"拂过皮肤时人体就会有一种特有的风吹感。

（2）异声感。在交流电场中，当电场强度达到某一数值后，许多人的耳中就会产生"嗡嗡"声。初步分析认为，这是由于交流电场周期变化，对耳膜产生某种机械振动所引起的。

（3）蛛网感。在强电场中，如果人的面部不加屏蔽，也会产生一种特有的"蛛网感"，其感觉像面部粘上了蜘蛛网一样的难受。究其原因是尖端效应，使面部的电荷集中到汗毛上，汗毛上的同性电荷所产生的斥力使一根根的汗毛竖起，在交流电场中，汗毛的反复竖立，牵动了皮肤从而产生了一种特有的异样感。

（4）针刺感。当人穿着塑料凉鞋在强电场下的草地上行走时，只要脚下的裸露部分碰到附近的草尖，就会产生明显的刺痛感。这是由于人体与大地绝缘，与草尖有电位差，造成草尖与人体放电。

3. 工频电场中的电击

工频电场中的电击分为暂态电击与稳态电击两种。

（1）暂态电击就是在人体接触电场中对地绝缘的导体的瞬间，聚集在导体上的电荷以火花放电的形式通过人体对地突然放电。流过人体的电流是一种频率很高的电流，当电流超过某一值时，即对人体造成电击。这种放电电流成分复杂，通常以火花放电的能量来衡量其对人体危害性的程度。表1-4是人体对暂态电击产生生理反应时的能量阈值。

表 1-4　　　　　　　人体对暂态电击产生生理反应时的能量阈值

生理效应	感知	烦恼	损伤或死亡
能量阈值（mJ）	0.1	0.5～1.5	25000

（2）稳态电击在等电位作业和间接带电作业中，由于人体对地有电容，人体也会受到稳态电容电流等的电击。电击对人体造成损伤的主要因素是流经人体的电流数值。

4. 强电场的防护要求

高压电场中的防护，其目的在于抑制强电场对人体产生的不适感觉，减小工频电场对人体的长、短期生态效应。

（1）流经人体的电流控制水平。制订IEC标准时，曾提出人体电流应控制在 100μA 之内，苏联在制订屏蔽服标准时，认为人体位移电流允许值为 60μA，美国提出控制人体的最大电流在 40μA 之内，加拿大提出控制在 50μA 内，我国规定，屏蔽服内流经人体的电流不得大于 50μA。

（2）人体表电场强度的控制水平。如前所述，人体皮肤对表面局部场强的"电场感知水平"为 240kV/m。据研究，人员在地面时，若地面场强为 10kV/m，则头顶最高场强为 135kV/m，小于"电场感知水平"，是足够安全的。带电作业时，在中间电位、等电位或电位转移时，体表场强会远远超过这个值，则需采取防护措施。GB/T 6568《带电作业用屏蔽服装》中规定，人体面部等裸露处的局部场强允许值为 240kV/m。

四、电流的防护

1. 人体对电流的生理反应

人体如被串入闭合的电路中，人体就会有电流通过。人体电阻 R_r 一般按 1000Ω 计算。人体对工频稳态电流的生理反应可分为：感知、震惊、摆脱、呼吸痉挛和心室纤维性颤动。其相应的电流阈值如表 1-5 所示。

表 1-5　　　　　　　人体对工频稳态电流的生理反应阈值　　　　　　　mA

生理效应	感知	震惊	摆脱	呼吸痉挛	心室纤维性颤动
男性	1.1	3.2	16（9.0）	23.0	（100）
女性	0.8	2.2	10.5（6.0）	15.0	（100）

心室纤维性颤动被认为是电击引起死亡的主要原因。但超过摆脱阈值的电流，也可能致命，因为此时人手已不能松开，使电流继续流过人体，引起呼吸痉挛甚至窒息死亡。上述各阈值并非一成不变的，与接触面积、接触条件（湿度、压力、温度）和每个人的生理特性有关；心室纤颤电流阈值与电流的持续时间有密切关系。

此外，人体对直流电流的感知阈值为 5mA（男 5.2mA，女 3.5mA）；人体对高频电流的感知水平为 0.24A。必须采取各种措施限制通过人体的电流，使其小于引起人体伤害电流的最小值，确保人身安全。由于绝缘工具的电阻远远大于人体电阻，将绝缘工具串联在回路中，利用绝缘工具阻断通过人体的电流。绝缘工具的好坏、通过的电流大小直接影响人体的安全。

2. 绝缘工具的泄漏电流

绝缘工具因受潮等原因，其体积电阻率及表面电阻率将可能下降两个数量级，泄漏电流将上升两个数量级，达到毫安级水平，会危及人身安全。因此，保持工具不受潮是非常重要的。

普通绝缘工具在湿度超过 80% 以上的环境中禁止使用，如需带电作业，则必须使用防潮型绝缘工具（防潮绝缘杆、防潮绳、防潮绝缘毯、防潮绝缘服等）。防潮工具内部、表面经过特殊处理，具有在潮湿气候下仍能保持很小的泄漏电流特性。

3. 绝缘子串的泄漏电流

干燥洁净的绝缘子串电阻很高，单片绝缘子的绝缘电阻在 500MΩ 以上，其电容很小，单片约为 50pF，故其阻抗值也很高。绝缘子串的泄漏电流不会超过几十微安。但当绝缘子受到一定程度的污秽，且空气相对湿度较大时，泄漏电流可能达到毫安级。当塔上电工在横担一侧摘除绝缘子挂点时，人体就串入到泄漏回路中，泄漏电流将流过人体。

防护的措施是先拆开绝缘子串导线侧连接，并将泄漏电流短接入地，再摘挂点。穿屏蔽服，并戴屏蔽手套去摘挂点，也可分流泄漏电流，有效地保护人身安全。

4. 在载流设备上工作的旁路电流

等电位作业中，作业人员常接触载流导体或设备，即有负荷电流的导体或设备。在导线上等电位作业时，导线电阻虽然非常小，但导线上负荷电流是很大的，在某两点（如人体左、右手接触的两点）之间就会有电位差，此电位差较小，如果人穿屏蔽服接触两点，流过屏蔽服的电流很小，一般不需要加以防护。通常称此电流为旁路电流。如在下列情况下，则应加以防范：①在高阻抗载流体（例如阻波器）附近工作；②使用引流线短接空载电容电流；③使用短路线短接负载线等。

防护的主要措施是使用截面积合格、热容量大的导流设备事先将电流短接过去，使工作区内的阻抗降低，无明显的电位差存在，此时工作就不会发生问题。对断接有较高电位差的电容电流，要避开电弧区，或使用密封的消弧设备，免受飞弧的伤害。

第二节 带电作业基本原理

一、地电位作业的原理及等值电路

1. 地电位作业的原理

只要人体与带电体保持足够的安全距离，有足够的空气间隙，且采用绝缘性能良好的工具，通过人体的泄漏电流和电容电流都非常小（微安级），这样小的电流对人体毫无影响，因此，足以保证作业人员的安全。地电位作业法为接地体→人体→绝缘体→带电体，人体与接地体基本处于同一电位上，例如：带电测绝缘子零值、带电挑异物等都属于地电位作业项目。

但是必须指出的是，绝缘工具的性能直接关系到作业人员的安全，如果绝缘工具表面脏污，或者内外表面受潮，泄漏电流将急剧增加。当增加到人体的感知电流以上时，就会出现麻电甚至触电事故。因此在使用时应保持工具表面干燥清洁，并注意妥当保管防止受潮。另外对于较高电压等级的作业时，由于电场强度高、静电感应严重，还应采取防护电场的措施。如在 330kV 及以上电压等级的带电线路杆塔上及变电站架构上作业时，地电位作业也须穿静电感应防护服、导电鞋等防静电感应措施，220kV 线路杆塔上作业时宜穿导电鞋。

2. 地电位作业的等值电路

地电位作业的位置示意图及等值电路图如图 1-1 所示。带电作业所用的环氧树脂类绝缘材料的电阻率很高，如 3640 绝缘管材的体积电阻率在常态下均大于 1012Ω•cm。制作成的工具，其绝缘电阻均在 1010～1012Ω。人体与带电体的电容容抗也在 109Ω 左右。间接作业时，当人体与带电体保持安全距离时，流过人体的电流为微安级，远远小于人体电流的感知值 1mA，所以带电作业是安全的。

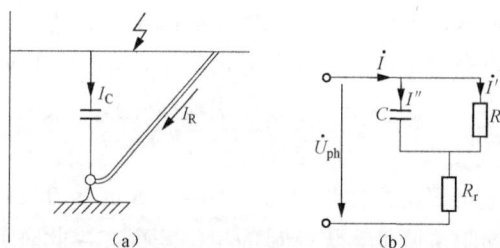

图 1-1　地电位作业位置示意图及等值电路图

（a）位置示意图；（b）等值电路图

二、中间电位作业的原理及等值电路

1. 中间电位作业的原理

当地电位和等电位作业均不能满足作业要求时，可采用中间电位作业法进行作业，中间电位作业法是介于两者之间的一种方法。它要求人体既要与带电体保持一定距离，也要和大地（接地体）保持一定距离。此时人体的电位是介于地电位与带电体的高电位之间的某一个悬浮电位。中间电位作业法为接地体→绝缘体→人体、绝缘体→带电体，人体通过两部分绝缘体分别与接地体和带电体隔开，由两部分绝缘体限制流经人体的电路，所以只要绝缘操作工具和绝缘平台的绝缘水平满足规定，由绝缘操作工具的绝缘电阻和绝缘平台的绝缘电阻组成的绝缘体即可将泄漏电流限制到微安级水平。同时，两段空气间隙达到规定的作业间隙，由两段空气间隙组成的电容回路也可将通过人体的容电流限制到微安级水平。中间电位作业就可以安全地进行。由于人体电位高于电位，体表场强也相对较高，应采取相应的电场防护措施，以防止人体产生不适。

2. 中间电位作业的等值电路

中间电位作业的位置示意图及等值电路如图 1-2 所示。

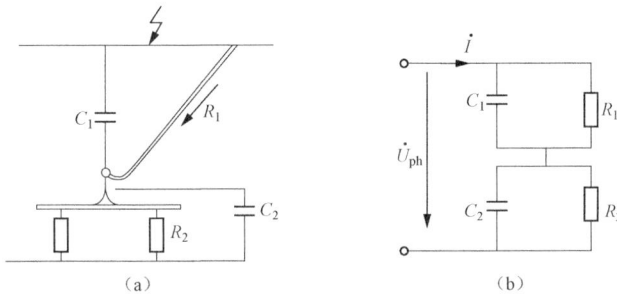

图 1-2　中间电位作业位置示意图及等值电路图

（a）位置示意图；（b）等值电路图

作业时人体处于地电位与带电体之间的一个悬浮电位，人体只要与带电体和地之间保持足够的绝缘，工作就是安全的。

三、等电位作业的原理及等值电路

1. 等电位作业的原理

等电位作业是借助于绝缘工具使作业人员与带电体处于同一电位的作业。作业时人员必须时刻与带电体保持接触。等电位作业法为接地体→绝缘体→人体和带电体，即人体通过绝缘体与接地体绝缘以后，当达到一定的安全距离或一定的绝缘强度，就能直接接触带电体进行工作。绝缘工具仍起限制流经人体电流的作用。当一个导电体的电位相等时，导体中没有电流流过，因此当人体与带电体的电位处于相等时，人和带电体形成一个导体，就没有电流流过人体，人体也就不会发生触电事故。所以如果人体的电位与作业体处于同一电位时，就可以直接进行作业。但是带电体上及周围的空间电场强度十分强烈，等电位作业人员必须采用可靠的电场防护措施，使体表场强不超过人体的感知水平。

在等电位作业中，最重要的是进入或脱离等电位过程中的安全防护。我们知道，在带电导线周围的空间中存在着电场，一般来说，距带电导线的距离越近，空间场强越高。当把一个导电体置于电场之中时，在靠近高压带电体的一面将感应出与带电体极性相反的电荷。当作业人员沿绝缘体进入等电位时，由于绝缘体本身的绝缘电阻足够大，通过人体的泄漏电流将很小。但随着人与带电体的逐步靠近，感应作用越来越强烈，人体与导线之间的局部电场越来越高。当人体与带电体之间距离减小到场强足以使空气发生游离时，带电体与人体之间将发生放电。当人手接近带电导线时，就会看见电弧和啪啪的放电声，这是正负电荷中和过程中电能转化成声、光、热能的缘故。当人体完全接触带电体后，中和过程完成，人体与带电体达到同一电位。

2. 等电位作业的等值电路

进入电场后稳态的等电位作业位置示意图及等值电路如图 1-3 所示。基本上与地电位分析一样，只是绝缘工具和空气间隙在人与大地之间。只要绝缘工具良好，空气间隙足够，其流经人体电流也就极小，远远小于人体感知电流值，作业是安全的。

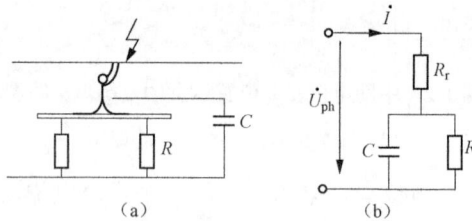

图 1-3 等电位作业位置示意图及等值电路图

（a）位置示意图；（b）等值电路图

第三节 常用带电作业工器具

一、绝缘绳索

绝缘绳索是带电作业中常用的重要的绝缘材料之一。目前使用的绝缘绳索按材料主要分为天然纤维绝缘绳索和合成纤维绝缘绳索两类，绝缘绳均为多股单纱捻制而成。天然纤维绳索应采用脱胶不少于 25%，洁白、无杂质、长纤维的蚕丝为原料；合成纤维应采用聚己内酰胺（锦纶6）等或其他满足电气、机械性能及防老化要求的其他合成纤维为原材料。2002 年以后，又有通过表面处理的防潮绝缘绳，防潮绝缘绳较普通绝缘绳增加了防潮功能，可以在潮湿的天气中使用。绝缘绳按用途又可分为传递绳、承力绳、吊拉绳、控制绳、测距绳、保护绳等。根据编制工艺分为编织绝缘绳、绞制绝缘绳和套织绝缘绳。

二、绝缘滑车（组）

绝缘滑车在带电作业工作中应用范围非常广，起吊绝缘子串、带电作业工器具和等电位作业人员进入电场，以及作业力转向、换向均需使用绝缘滑车。绝缘滑车的吊钩、吊环、中轴、吊轴、吊梁、联结轴、联结板、尾绳环可选用45 号钢，其中吊钩、吊梁应选用合金结构钢（40Cr）制成，如使用吨位较小的吊钩也可使用绝缘钩。护板、隔板、拉板、加强板选用 3240 板制成。滑轮采用聚酰胺 1010 树脂制成。

根据 GB/T 13034《带电作业用绝缘滑车》的规定，绝缘滑车分十六种型号。按滑轮数又分单轮、双轮、三轮、四轮四个类型。10kV 以上的又分长、短两种钩型，长钩型可直接挂在横担上。

三、绝缘梯

（1）绝缘小座梯（座椅、吊篮）。绝缘小座梯是进入电场的一种轻便的装置，座椅和吊篮与之相同。但从轻小看，小梯较好，目前使用较多。等电位电工坐登在小梯子的中间较宽横梁上，由固定在横担上的绝缘滑车，通过绝缘绳将其放至导线处，或将其脱离导线退出电场。

（2）绝缘软梯。绝缘软梯是由绝缘绳、绝缘管制成，顶端有软梯架（头）。软梯架的作用是通过它可将软梯挂在导线或横担上。通过软梯等电位电工爬上或爬下进出电场。此梯适应强、质量轻、便于携带。长短不受限制，广泛应用于进入电场作业。绝缘软梯的加工工艺对作业人员安全非常重要，在选用时必须高度重视。我国已有因软梯挂环脱落造成的事故。现全国使用软梯织制工艺的有以下几种：S 型对穿式、X 型对穿式、I 型直穿式、H 型套织式等。

（3）绝缘挂梯。挂梯的材料是用 3640 的空芯圆管制成的。在更换直线绝缘子时，将其挂在靠横担侧组装的滑杆上，利用此梯顶端安装的挂钩和滑轮，沿滑杆滑至导线侧，以进入电场。

（4）绝缘平梯。此梯是以杆塔为依托，一端用钩直接挂导线，或用绝缘绳悬吊塔上适当位置，使其端部接近导线；另一端或梯的中部用绝缘绳悬吊在塔上适当位置的绝缘水平硬梯。其材料为椭圆形空心绝缘管或槽形绝缘板。此梯长度可为 6～7m，但不便携带，可做成多节组合梯。

（5）独脚梯。独脚梯可由 2～3 节圆形绝缘管组成，全长 7～8m。由于有些独脚梯下面安装多对踏脚钉，其整体又似蜈蚣，故又称蜈蚣梯。将独脚梯顶端装在横担的绝缘子串挂点附近或横担与塔身相连处，等电位电工站在梯的下端，在地电位电工配合下，以独角梯顶端为圆心，以梯长为半径，使等电位电工到达导线侧进入电场。

四、绝缘子卡具

绝缘子卡具有闭式卡具、耐张端头卡具、直线卡具、大刀卡具和通用卡具。

（1）闭式卡具与双行程的普通丝杆或省力丝杆配套，可更换耐张或直线绝缘子串间的单片绝缘子。其前后卡具分别与耐张端头卡具的后、前卡配套，则可更换耐张或直线绝缘子串两端的绝缘子。

（2）耐张端头卡具。前、后卡具与绝缘承力拉杆（板）、丝杆串联后，将其分别组装在与绝缘子串两端连接的金具上，来更换耐张整串绝缘子。

（3）直线卡具。卡在直线联板上，两侧用绝缘承力拉杆（板）和单行程丝杆，来更换直线整串绝缘子。

（4）大刀卡具。卡在直线或直线转角悬挂双串绝缘子的两端联板一侧，与单行程丝杆、绝缘承力拉杆（板）串联来更换双串绝缘子中的一串绝缘子。

（5）通用卡具。此卡是根据线路绝缘子两端连接金具的特点而设计的。

它适用于直线不同的联板，也适用于耐张绝缘子两端连接的金具。因此，只使用此种工具便可代替更换直线绝缘子的导线钩和上述耐张卡具，故称通用卡具。这样可以简化更换绝缘子的金属工具。

应该注意，铝合金材料 LC4 虽然是机械性能和机械加工性能较好，但其抗疲劳性能、耐热性等较差，并且有明显的应力集中和应力敏感性。所以在设计加工及使用中应注意：安全系数宜取大些；工具的工作截面过渡部分的设计力求平缓过渡，半径 R 应大于 2mm，使用温度不得超过 120℃。另外在例行机械试验时，不得多次加超过规定的荷载。为了提高工具表面耐腐蚀性能，带电作业工具在出厂前均进行了阳极化处理，在表面上形成了一层人工氧化膜，因此在使用中应妥善保管，严防碰撞。

五、个人防护装备

（1）屏蔽服。根据 GB/T6568—2008《带电作业用屏蔽服》的规定，带电作业用屏蔽服分两种类型：交流 110（66）～500kV、直流±500kV 及以下电压等级的屏蔽服为Ⅰ型，屏蔽效率高，载流容量小；交流 750kV 电压等级屏蔽服为Ⅱ型。

屏蔽服的性能指标分布料和成衣两部分。其中，成衣指标包括：

1）上衣、裤子、手套、短袜，分别测量任意两个最远点之间的电阻，均不得大于 15Ω。

2）整套服装：各最远端点之间的电阻不得大于 20Ω。在规定的使用电压等级下，衣内胸前，背后处以及帽内头顶处等三个部位的体表场强均不得大于 15kV/m。人体外露部位（如面部）的体表局部场强不得大于 240kV/m。屏蔽服内流经人体的电流不得大于 50μA。

3）对屏蔽服通以规定的工频电流，并待一定时间的热稳定后，其任何部位的温升不得超过 50℃。

（2）导电鞋和导电眼镜。导电鞋是用导电胶做底，底面衬以屏蔽布料，再引出一根金属线与屏蔽裤的加筋线相连，使屏蔽服对人体形成一个完整的屏蔽面，并实现了有效的接地。

导电鞋的电阻值不应大于 500Ω。

导电眼镜是在镜片上喷涂一层透明的导电膜。需注意的是眼镜的镜架、镜片必须全部喷镀，使其连成一体，以免出现电位差，造成对脸部或耳部的电击。

（3）静电防护服。静电防护服的防护等级比屏蔽服低，它所用的金属纤维较屏蔽服少，经纬密度稀，屏蔽效率也较低。主要供登塔、巡视（变电和线路）人员使用。

根据保护人身安全要求，推荐采用下列指标的静电防护服：

1）布料：屏蔽效率 28dB；

2）电阻：300Ω；

3）成衣：整套衣服电阻 1000Ω；

4）衣内电场强度≤15kV/m；

5）衣内流经人体电流≤5μA。

第四节　带电作业工具的试验、使用和保管

一、带电作业工具的试验

带电作业工具的试验是检验工具是否合格的唯一可靠手段，即使是经过周密设计的工具，也必须通过试验才能做出合格与否的结论。这是因为工具在制作、运输和保管储存等各个环节中，都可能引起或留下意想不到的缺陷，这些缺陷大多数只能通过试验才会暴露出来。

带电作业绝缘工具的试验标准主要依据有：GB 13398《带电作业用空心绝

缘管、泡沫填充绝缘管和实心绝缘棒》，GB/T 13035《带电作业用绝缘绳索》，GB 26859《电力安全工作规程 电力线路部分》，DL/T 878《带电作业用绝缘工具试验导则》，DL/T 976《带电作业工具、装置和设备预防性试验规程》，Q/GDW 1799.2《国家电网公司电力安全工作规程 线路部分》。

1. 电气试验

带电作业工具预防性试验不得分段进行，必须按有效绝缘长度整根进行。检查性试验可以分段进行。

带电作业绝缘工具检查性试验的条件，是将绝缘工具分成若干段进行工频耐压试验，每 300mm 耐压 75kV，时间为 1min，以无击穿、闪络及过热为合格。试验要求、试验布置同电气预防行试验。检查性试验不得代替预防性试验，预防性试验可以代替检查性试验。

2. 机械试验

（1）在工作负荷状态承担各类线夹和连接金具荷重时，应按有关金具标准进行试验。

（2）在工作负荷状态承担其他静荷载时，应根据设计荷载，按 DL/T875《输电线路施工机具设计、试验基本要求》的规定进行试验。

（3）在工作负荷状态承担人员操作荷载时：

1）静荷重试验：1.2 倍额定工作负荷下持续 1min，工具无变形及损伤者为合格。

2）动荷重试验：1.0 倍额定工作负荷下操作 3 次，工具灵活、轻便、无卡住现象为合格。

3. 带电作业工具的试验周期

带电作业工具应定期进行电气试验及机械预防性试验，试验周期为：

（1）电气试验：预防性试验每年 1 次，检查性试验每年 1 次，两次试验间隔为半年。

（2）机械预防性试验：绝缘工具每年 1 次，金属工具 2 年 1 次。

二、常用带电作业工具的使用

使用带电作业工具应掌握以下基本要点：工具的使用范围，在何种电气装备上使用及限制，以及有关环境或作业方法；工具使用前的检查，以确保工具（电气和机械性能）完好；工具是否在预防性试验周期内。

1. 屏蔽服

使用前应用万用表和专用电极（每个电极重 1kg，底面接触面积为 1cm^2）

进行测量，测量方法是将被测屏蔽服套在普通布工作服上，各单个间连接好，再将两个电极分别垂直平放在各被测点上，检测手套与短袜及帽子与短袜间的电阻。测点位置应位于接缝边缘及分流连接线 30mm 处。整套衣服任何两个最远端点间的电阻值均不得大于标准规定值。需说明的是使用专用电极检测整套衣服的电阻只有在对整套服装使用安全性有怀疑时才进行。一般只要进行外观检查，没有破损和断裂即可。

使用时必须注意：各单位之间（指帽、衣、手套、裤、袜或导电鞋）必须连接可靠；冬季应穿在棉衣外面；穿阻燃内衣；屏蔽帽必须正确使用，做到帽檐不上翘，以尽可能多地屏蔽裸露的脸部，否则面部场强将急剧增加。

2. 绝缘杆件

绝缘杆件必须经试验合格后方可使用，严禁使用不合格的绝缘杆件。绝缘杆件必须适用于所操作设备的电压等级，且核对无误后才能使用。使用前，必须对绝缘杆件进行外观检查，不能有裂纹等外部损伤；并用干燥洁净的软布擦拭绝缘杆表面，以减少表面脏污造成的泄漏电流；使用时要尽量减少对绝缘杆的弯曲力，以防损坏杆体。

3. 绝缘绳

绝缘绳使用前必须进行外观检查，严防有金属丝物夹带缠绕；绝缘绳必须经试验合格后方可使用，严禁使用不合格的绝缘绳；须根据工作荷载选用绝缘绳索种类和直径；须根据环境湿度选择防潮绝缘绳；脏污严重的绝缘绳严禁在带电作业工作中使用。

4. 承力绝缘工具

承力绝缘工具使用前必须进行外观检查，外观上不能有裂纹等外部损伤；承力绝缘工具使用前还需检查连接件情况，确保牢固可靠。

5. 检测设备

检测前，应详细阅读检测设备说明书，熟练掌握检测设备的操作方法。检测时首先对检测设备进行检查，以保证检测设备的完好性，从而保证测量的准确性。

6. 防护设备

使用前必须进行外观检查，外观上不能有破损、划伤或变质；检查是否在试验周期内，并且检验合格，否则不得使用。

三、带电作业工具的保管及使用

（1）电作业工具应存放于通风良好、清洁干燥的专用工具房内。工具房门窗应密闭严实,地面、墙面及顶面应采用不起尘、阻燃材料制作。室内的相对湿度应保持在 50%～70%。室内温度应略高于室外,且不宜低于 0℃。

(2)带电作业工具房进行室内通风时,应在干燥的天气进行,并且室外的相对湿度不准高于 75%。通风结束后,应立即检查室内的相对湿度,并加以调控。

(3)带电作业工具房应配备湿度计、温度计,抽湿机(数量以满足要求为准),辐射均匀的加热器,足够的工具摆放架、吊架和灭火器等。

(4)带电作业工具应统一编号、专人保管、登记造册,并建立试验、检修、使用记录。

(5)有缺陷的带电作业工具应及时修复,不合格的应予报废,禁止继续使用。

(6)高架绝缘斗臂车应存放在干燥通风的车库内,其绝缘部分应有防潮措施。

(7)带电作业工具应绝缘良好、连接牢固、转动灵活,并按厂家使用说明书、现场操作规程正确使用。

(8)带电作业工具使用前应根据工作负荷校核机械强度,并满足规定的安全系数。

(9)带电作业工具在运输过程中,带电绝缘工具应装在专用工具袋、工具箱或专用工具车内,以防受潮和损伤。发现绝缘工具受潮或表面损伤、脏污时,应及时处理并经试验或检测合格后方可使用。

(10)进入作业现场应将使用的带电作业工具放置在防潮的帆布或绝缘垫上,防止绝缘工具在使用中脏污和受潮。

(11)带电作业工具使用前,仔细检查确认没有损坏、受潮、变形、失灵,否则禁止使用。并使用 2500V 及以上绝缘电阻表或绝缘检测仪进行分段绝缘检测(电极宽 2cm,极间宽 2cm),阻值应不低于 700MΩ。操作绝缘工具时应戴清洁、干燥的手套。

第二章　保证安全的组织措施和技术措施

第一节　保证安全的组织措施

在电力线路上工作，保证安全的组织措施包括：现场勘察制度，工作票制度，工作许可制度，工作监护制度，工作间断制度，工作终结和恢复送电制度。

一、现场勘察制度

（1）进行电力线路施工作业、工作票签发人或工作负责人认为有必要现场勘察的检修作业，施工、检修单位均应根据工作任务组织现场勘察，并填写现场勘察记录。现场勘察由工作票签发人或工作负责人组织进行。

（2）现场勘察应查看现场施工（检修）作业需要停电的范围、保留的带电部位和作业现场的条件、环境及其他危险点等。根据现场勘察结果，对危险性、复杂性和困难程度较大的作业项目，应编制组织措施、技术措施、安全措施，经本单位批准后执行。

二、工作票制度

工作票制度是保证安全的组织措施的核心，工作票是许可在电力线路上工作的书面命令，是明确有关人员的安全责任、实施保证安全的技术措施、履行工作许可、工作间断和办理工作终结手续等组织措施的书面凭证。

在电力线路上的工作，应按填用填用电力线路第一种工作票、填用电力电缆第一种工作票、填用电力线路第二种工作票、填用电力电缆第二种工作票、填用电力线路带电作业工作票、填用电力线路事故紧急抢修单、口头或电话命令7种方式进行。

1. 工作票的适用范围

（1）填用第一种工作票的工作为：

1）在停电的线路或同杆（塔）架设多回线路中的部分停电线路上的工作；

2）高压电力电缆需停电的工作；

3）在直流线路停电时的工作；

4）在直流接地极线路或接地极上的工作。

（2）填用第二种工作票的工作为：

1）带电线路杆塔上且与带电导线最小安全距离不小于表2-1规定的工作；

表2-1　　　　　　　在带电线路杆塔上工作与带电导线最小安全距离

电压等级（kV）	安全距离（m）	电压等级（kV）	安全距离（m）
交流线路			
10 及以下	0.7	330	4.0
20、35	1.0	500	5.0
66、110	1.5	750	8.0
220	3.0	1000	9.5
直流线路			
±50	1.5	±660	9.0
±500	6.8	±800	10.1

2）电力电缆不需停电的工作；

3）直流线路上不需要停电的工作；

4）直流接地极线路上不需要停电的工作。

（3）填用带电作业工作票的工作为：带电作业或与邻近带电设备距离小于表2-1、大于表1-1规定的工作。

（4）填用事故紧急抢修单的工作为：事故紧急抢修应使用事故紧急抢修单。非连续进行的事故修复工作，应使用工作票。

事故紧急抢修工作是指电气设备发生故障被迫紧急停止运行，需短时间内恢复的抢修和排除故障的工作。

（5）按口头或电话命令执行的工作为：

1）测量接地电阻；

2）修剪树枝；

3）杆塔底部和基础等地面检查、消缺工作；

4）涂写杆塔号、安装标志牌等，工作地点在杆塔最下层导线以下，并能够保持表1-3安全距离的工作。

2. 工作票的填写与签发

（1）工作票应用黑色或蓝色的钢笔（水）笔或圆珠笔填写与签发，一式两份，内容应正确，填写应清楚，不得任意涂改。如有个别错、漏字需要修改时，应使用规范的符号，字迹应清楚。

（2）用计算机生成或打印的工作票应使用统一的票面格式。由工作票签发人审核无误，手工或电子签名后方可执行。

工作票一份交工作负责人，一份留存工作票签发人或工作许可人处。工作票应提前交给工作负责人。

（3）一张工作票中，工作票签发人和工作许可人不得兼任工作负责人。

（4）工作票由工作负责人填写，也可由工作票签发人填写。

（5）工作票由设备运维管理单位签发，也可由经设备运维管理单位审核合格且经批准的检修及基建单位签发。检修及基建单位的工作票签发人、工作负责人名单应事先送有关设备运维管理单位、调度控制中心（调控中心）备案。

（6）承发包工程中，工作票可实行"双签发"形式。签发工作票时，双方工作票签发人在工作票上分别签名，各自承担安规中工作票签发人相应的安全责任。

3. 工作票的使用

（1）第一种工作票，每张只能用于一条线路或同一个电气连接部位的几条供电线路或同（联）杆塔架设且同时停送电的几条线路。第二种工作票，对同一电压等级、同类型工作，可在数条线路上共用一张工作票。带电作业工作票，对同一电压等级、同类型、相同安全措施且依次进行的带电作业，可在数条线路上共用一张工作票。

在工作期间，工作票应始终保留在工作负责人手中。

（2）一个工作负责人不能同时执行多张工作票。若一张工作票下设多个小组工作，每个小组应指定小组负责人（监护人），并使用工作任务单。

工作任务单一式两份，由工作票签发人或工作负责人签发，一份工作负责人留存，一份交小组负责人执行。工作任务单由工作负责人许可。工作结束后，由小组负责人交回工作任务单，向工作负责人办理工作结束手续。

（3）一回线路检修（施工），其邻近或交叉的其他电力线路需进行配合停电和接地时，应在工作票中列入相应的安全措施。若配合停电线路属于其他单位，应由检修（施工）单位事先书面申请，经配合线路的设备运维管理单位同意并实施停电、接地。

（4）一条线路分区段工作，若填用一张工作票，经工作票签发人同意，在线路检修状态下，由工作班自行装设的接地线等安全措施可分段执行。工作票中应填写清楚应使用的接地线编号、装拆时间、位置等随工作区段转移情况。

（5）持线路或电缆工作票进入变电站或发电厂升压站进行架空线路、电缆等工作，应增填工作票份数，由变电站或发电厂工作许可人许可，并留存。

上述单位的工作票签发人和工作负责人名单应事先送有关运维管理单位备案。

4. 工作票的有效期与延期

（1）第一、第二种工作票和带电作业工作票的有效时间，以批准的检修期为限。

（2）第一种工作票需办理延期手续，应在有效时间尚未结束以前由工作负责人向工作许可人提出申请，经同意后给予办理。

第二种工作票需办理延期手续，应在有效时间尚未结束以前由工作负责人向工作票签发人提出申请，经同意后给予办理。第一、第二种工作票的延期只能办理一次。带电作业工作票不准延期。

5. 工作票所列人员的基本条件

（1）工作票签发人应由熟悉人员技术水平、熟悉设备情况、熟悉 Q/GDW 1799.2《国家电网公司电力安全工作规程线路部分》（以下简称《安规》），并具有相关工作经验的生产领导人、技术人员或经本单位批准的人员担任。工作票签发人名单应公布。

（2）工作负责人（监护人）、工作许可人应有一定工作经验、熟悉《安规》、熟悉工作范围内的设备情况，并经专业室（中心）批准的人员担任。工作负责人还应熟悉工作班成员的工作能力。

用户变压器、配电站的工作许可人应是持有效证书的高压电气工作人员。

（3）专责监护人应是具有相关工作经验、熟悉设备情况和《安规》的人员。

6. 工作票所列人员的安全责任

（1）工作票签发人。

1）确认工作必要性和安全性；

2）确认工作票上所填安全措施是否正确完备；

3）确认所派工作负责人和工作班人员是否适当和充足。

（2）工作负责人（监护人）。

1）正确组织工作；

2）检查工作票所列安全措施是否正确完备，是否符合现场实际条件，必要时予以补充完善；

3）工作前，对工作班成员进行工作任务、安全措施、技术措施交底和危险点告知，并确认每个工作班成员都已签名；

4）组织执行工作票所列安全措施；

5）监督工作班成员遵守《安规》、正确使用劳动防护用品和安全工器具以及执行现场安全措施；

6）关注工作班成员身体状态和精神状态是否出现异常迹象，人员变动是否合适。

（3）工作许可人。

1）审票时，确认工作票所列安全措施是否正确完备，对工作票所列内容发生疑问时，应向工作票签发人询问清楚，必要时予以补充；

2）保证其负责的停、送电和许可工作的命令正确；

3）确认由其负责的安全措施正确实施。

（4）专责监护人。

1）明确被监护人员和监护范围；

2）工作前，对被监护人员交待监护范围内的安全措施、告知危险点和安全注意事项；

3）监督被监护人员遵守《安规》和执行现场安全措施，及时纠正被监护人员的不安全行为。

（5）工作班成员。

1）熟悉工作内容、工作流程，掌握安全措施，明确工作中的危险点，并在工作票上履行交底确认手续；

2）服从工作负责人（监护人）、专职监护人的指挥，严格遵守《安规》和劳动纪律，在确定的工作范围内工作，对自己在工作中的行为负责，互相关心工作安全；

3）正确使用施工机具、安全工器具和劳动防护用品。

三、工作许可制度

工作许可制度是指工作许可人负责审查工作票所列安全措施是否正确完备、是否符合现场条件，在负责完成施工现场的安全措施后，会同工作负责人到工作现场所做的一系列证明、交待、提醒和签字，而准许检修工作开始的过程。因此，工作许可制度是规范审查工作任务必要性，保障停送电及许可命令正确和安全措施落实的规定。

（1）填用第一种工作票进行工作，工作负责人应得到全部工作许可人的许可后，方可开始工作。

（2）线路停电检修，工作许可人应在线路可能受电的各方面（含变电站、发电厂、环网线路、分支线路、用户线路和配合停电的线路）都已停电，并挂好接地线后，方能发出许可工作的命令。

值班调控人员或运维人员在向工作负责人发出许可工作的命令前，应将工作班组名称、数目、工作负责人姓名、工作地点和工作任务做好记录。

（3）许可开始工作的命令，应通知工作负责人。方法可采用：当面通知、电话下达、派人送达。

电话下达时，工作许可人及工作负责人应记录清楚明确，并复诵核对无误。对直接在现场许可的停电工作，工作许可人和工作负责人应在工作票上记录许可时间，并签名。

（4）若停电线路作业还涉及其他单位配合停电的线路时，工作负责人应在得到指定的配合停电设备运维管理单位联系人通知这些线路已停电和接地，并履行工作许可书面手续后，才可开始工作。

（5）禁止约时停、送电。约时停电是指不履行工作许可手续，工作人员按预先约定的停电时间进行工作。由于系统运行方式或情况的变化，或者进行工作的线路虽然已停电，但可能由于其他原因，有随时恢复送电的可能，将会造成人身触电事故。

（6）填用电力线路第二种工作票时，不需要履行工作许可手续。执行第二种工作票的工作不需要改变设备运行状况，不影响系统的稳定运行，故工作时不需履行工作许可手续，但需向工作票签发人提出申请。

四、工作监护制度

工作监护制度是在现场工作中，对安全、技术等措施执行力度的监督，是作业人员在作业过程中受到监护人不断的严格监督和保护，以便及时纠正作业人员的一切不安全行为和错误。特别是在靠近有电部位和工作转移时，监护作用更为重要。

（1）工作许可手续完成后，工作负责人、专责监护人应向工作班成员交待工作内容、人员分工、带电部位和现场安全措施、进行危险点告知，并履行确认手续，装完工作接地线后，工作班方可开始工作。工作负责人、专责监护人应始终在工作现场。

（2）工作票签发人或工作负责人对有触电危险、施工复杂容易发生事故的工作，应增设专责监护人和确定被监护的人员。

专责监护人不能兼做其他工作。专责监护人临时离开时，应通知被监护人员停止工作或离开工作现场，待专责监护人回来后方可恢复工作。若专责监护人必须长时间离开工作现场时，应由工作负责人变更专责监护人，履行变更手续，并告知全体被监护人员。

（3）工作期间，工作负责人若因故暂时离开工作现场时，应指定能胜任的人员临时代替，离开前应将工作现场交待清楚，并告知全体工作班成员。原工作负责人返回工作现场时，也应履行同样的交接手续。

若工作负责人必须长时间离开工作的现场时，应由原工作票签发人变更工作负责人，履行变更手续，并告知全体作业人员及工作许可人。原、现工作负责人应做好必要的交接手续。

（4）工作班成员的变更，应经工作负责人、专责监护人的同意，并在工作票上做好变更记录；中途新加入的工作班成员，应由工作负责人、专责监护人对其进行安全交底并履行确认手续。

五、工作间断制度

工作间断是工作过程中，因需要补充营养、休息或天气变化等原因，工作人员从工作现场撤出而停止一段时间的情况。工作间断主要有当日间断和隔日工作间断。

（1）在工作中遇雷、雨、大风或其他任何情况威胁到作业人员的安全时，工作负责人或专责监护人可根据情况，临时停止工作。

（2）白天工作间断时，工作地点的全部接地线仍保留不动。如果工作班须暂时离开工作地点，则应采取安全措施和派人看守，不让人、畜接近挖好的基坑或未竖立稳固的杆塔以及负载的起重和牵引机械装置等。恢复工作前，应检查接地线等各项安全措施的完整性。

（3）填用数日内工作有效的第一种工作票，每日收工时如果将工作地点所装的接地线拆除，次日恢复工作前应重新验电挂接地线。

如果经调控中心允许的连续停电、夜间不送电的线路，工作地点的接地线可以不拆除，但次日恢复工作前应派人检查。

六、工作终结和恢复送电制度

（1）完工后，工作负责人（包括小组负责人）应检查线路检修地段的状况，确认在杆塔上、导线上、绝缘子串上及其他辅助设备上没有遗留的个人保安线、工具、材料等，查明全部工作人员确由杆塔上撤下后，再命令拆除工作地段所挂的接地线。接地线拆除后，应即认为线路带电，不准任何人再登杆进行工作。

多个小组工作，工作负责人应得到所有小组负责人工作结束的汇报。

（2）工作终结后，工作负责人应及时报告工作许可人，报告的方法有：当面报告；用电话报告并经复诵无误。

若有其他单位配合停电线路，还应及时通知指定的配合停电设备运维管理单位联系人。

（3）工作终结的报告应简明扼要，并包括下列内容：工作负责人姓名，某线路上某处（说明起止杆塔号、分支线名称等）工作已经完工，设备改动情况，工作地点所挂的接地线、个人保安线已全部拆除，线路上已无本班组作业人员和遗留物，可以送电。

（4）工作许可人在接到所有工作负责人（包括用户）的完工报告，并确认全部工作已经完毕，所有作业人员已由线路上撤离，接地线已经全部拆除，与记录核对无误并做好记录后，方可下令拆除安全措施，向线路恢复送电。

（5）已终结的工作票、事故紧急抢修单、工作任务单应保存一年。

第二节　保证安全的技术措施

在电力线路上工作，保证安全的技术措施包括：停电、验电、接地，使用个人保安线，悬挂标示牌和装设遮栏（围栏）。

一、停电

停电就是将检修设备与带电设备进行完全物理隔离，并有明显断开点。

（1）进行线路停电作业前，应做好下列安全措施：

1）断开发电厂、变电站、换流站、开关站、配电站（所）（包括用户设备）等线路断路器和隔离开关；

2）断开线路上需要操作的各端（含分支）断路器、隔离开关和熔断器；

3）断开危及线路停电作业，且不能采取相应安全措施的交叉跨越、平行和同杆架设线路（包括用户线路）的断路器、隔离开关和熔断器；

4）断开有可能返回低压电源的断路器、隔离开关和熔断器。

（2）停电设备的各端，应有明显的断开点，若无法观察到停电设备的断开点，应有能够反映设备运行状态的电气和机械等指示。

（3）可直接在地面操作的断路器、隔离开关的操动机构上应加锁，不能直接在地面操作的断路器、隔离开关应悬挂标示牌；跌落式熔断器的熔管应摘下或悬挂标示牌。

二、验电

（1）在停电线路工作地段装接地线前，应使用相应电压等级、合格的接触式验电器验明线路确无电压。

直流线路和 330kV 及以上的交流线路，可使用合格的绝缘棒或专用的绝缘绳验电。验电时，绝缘棒或绝缘绳的金属部分应逐渐接近导线，根据有无放电声和火花来判断线路是否确无电压。验电时应戴绝缘手套。

（2）验电前，应先在有电设备上进行试验，确认验电器良好；无法在有电设备上进行试验时，可用工频高压发生器等确证验电器良好。

验电时人体应与被验电设备保持表 2-1 规定的距离，并设专人监护。使用伸缩式验电器时应保证绝缘的有效长度。

（3）对无法进行直接验电的设备和雨雪天气时的户外设备，可以进行间接验电，即通过设备的机械指示位置、电气指示、带电显示装置、仪表及各种遥测、遥信等信号的变化来判断。判断时，至少应有两个非同样原理或非同源的指示发生对应变化，且所有这些确定的指示均已同时发生对应变化，才能确认该设备已无电。以上检查项目应填写在操作票中作为检查项。检查中若发现其他任何信号有异常，均应停止操作，查明原因。若进行遥控操作，可采用上述的间接方法或其他可靠的方法进行间接验电。

（4）对同杆塔架设的多层电力线路进行验电时，应先验低压、后验高压，先验下层、后验上层，先验近侧、后验远侧。禁止作业人员穿越未经验电、接地的 10（20）kV 线路及未采取绝缘措施的低压带电线路对上层线路进行验电。

线路的验电应逐相（直流线路逐极）进行。检修联络用的断路器、隔离开关或其组合时，应在其两侧验电。

三、接地

（1）线路经验明确无电压后，应立即装设接地线并三相短路（直流线路两极接地线分别直接接地）。

各工作班工作地段各端和工作地段内有可能反送电的分支线（包括用户）都应接地。直流接地极线路，作业点两端应装设接地线。配合停电的线路可以只在工作地点附近装设一组工作接地线。装、拆接地线应在监护下进行。

工作接地线应全部列入工作票，工作负责人应确认所有工作接地线均已挂设完成方可宣布开工。

（2）禁止工作人员擅自变更工作票中指定的接地线位置。如需变更，应由工作负责人征得工作票签发人同意，并在工作票上注明变更情况。

（3）同杆塔架设的多层电力线路挂接地线时，应先挂低压、后挂高压，先挂下层、后挂上层，先挂近侧、后挂远侧。拆除时顺序相反。

（4）成套接地线应由有透明护套的多股软铜线和专用线夹组成，其截面积不准小于25mm²，同时应满足装设地点短路电流的要求。

禁止使用其他导线接地或短路。

接地线应使用专用的线夹固定在导体上，禁止用缠绕的方法进行接地或短路。

（5）装设接地线时，应先接接地端，后接导线端，接地线应接触良好、连接应可靠。拆接地线的顺序与此相反。装、拆接地线均应使用绝缘棒或专用的绝缘绳。人体不准碰触接地线和未接地的导线。

（6）在杆塔或横担接地良好的条件下装设接地线时，接地线可单独或合并后接到杆塔上，但杆塔接地电阻和接地通道应良好。杆塔与接地线连接部分应清除油漆，接触良好。

（7）对于无接地引下线的杆塔，可采用临时接地体。接地体的截面积不准小于190mm²（如φ16圆钢）。接地体在地面下深度不准小于0.6m。对于土壤电阻率较高地区，如岩石、瓦砾、沙土等，应采取增加接地体根数、长度、截面积或埋地深度等措施改善接地电阻。

（8）在同杆塔架设多回线路杆塔的停电线路上装设的接地线，应采取措施防止接地线摆动，并满足表2-1安全距离的规定。

断开耐张杆塔引线或工作中需要拉开断路器、隔离开关时，应先在其两侧装设接地线。

（9）电缆及电容器接地前应逐相充分放电，星形接线电容器的中性点应接地，串联电容器及与整组电容器脱离的电容器应逐个多次放电，装在绝缘支架上的电容器外壳也应放电。

四、使用个人保安线

（1）工作地段如有邻近、平行、交叉跨越及同杆塔架设线路，为防止停电检修线路上感应电压伤人，在需要接触或接近导线工作时，应使用个人保安线。

（2）个人保安线应在杆塔上接触或接近导线的作业开始前挂接，作业结束脱离导线后拆除。装设时，应先接接地端，后接导线端，且接触良好，连接可靠。拆个人保安线的顺序与此相反。个人保安线由作业人员负责自行装、拆。

（3）个人保安线应使用有透明护套的多股软铜线，截面积不得小于16mm²，且应带有绝缘手柄或绝缘部件。禁止用个人保安线代替接地线。

（4）在杆塔或横担接地通道良好的条件下，个人保安线接地端允许接在杆塔或横担上。

五、悬挂标示牌和装设遮栏（围栏）

（1）在一经合闸即可送电到工作地点的断路器、隔离开关及跌落式熔断器的操作处，均应悬挂"禁止合闸，线路有人工作！"或"禁止合闸，有人工作！"的标示牌。

（2）进行地面配电设备部分停电的工作，人员工作时距设备小于表 2-2 安全距离以内的未停电设备，应增设临时围栏。临时围栏与带电部分的距离，不准小于表 2-3 的规定。临时围栏应装设牢固，并悬挂"止步，高压危险！"的标示牌。

表 2-2　　　　　　　　　　设备不停电时的安全距离

电压等级（kV）	安全距离（m）
10 及以下	0.70
20、35	1.00
63（66）、110	1.50

表 2-3　　　　　工作人员工作中正常活动范围与带电设备的安全距离

电压等级（kV）	安全距离（m）
10 及以下	0.35
20、35	0.60
63（66）、110	1.50

（3）在城区、人口密集区地段或交通道口和通行道路上施工时，工作场所周围应装设遮栏（围栏），并在相应部位装设标示牌。必要时，派专人看管。

第三章　作业安全风险辨识评估与控制

● 第一节　概　　述

本节依据国家电网公司发布的《安全风险管理工作基本规范（试行）》和《生产作业风险管控工作规范（试行）》，阐述作业项目安全风险控制的职责与分工、计划编制、作业组织、现场实施、检查与改进等要求，以对作业安全风险实施超前分析和流程化控制，形成"流程规范、措施明确、责任落实、可控在控"的安全风险管控机制。

一、风险管控流程

作业项目安全风险管控流程包括风险辨识、风险评估、风险预警、风险控制、检查与改进等环节。

1. 风险辨识

风险辨识是指辨识风险的存在并确定其特性的过程。风险辨识包括静态风险辨识、动态风险辨识和作业项目风险辨识。

（1）静态风险辨识。静态风险辨识是依据国家电网公司发布的《供电企业安全风险评估规范》（简称《评估规范》）等事先拟好的检查清单对现场风险因素进行辨识并制定风险控制措施，为风险评估、风险控制提供基础数据。主要开展三个方面的工作：设备、环境的风险辨识，人员素质及管理的风险辨识，风险数据库的建立与应用。

1）设备、环境的风险辨识：依据《评估规范》第1、2章，有计划、有目的地开展设备、环境、工器具、劳动防护以及物料等静态风险的辨识，找出存在的危险因素。

2）人员素质及管理的风险辨识：依据《评估规范》第3、5章，可进行自查，也可由专家组或专业第三方机构对人员素质和安全生产综合管理开展周期性的辨识，查找影响安全的危险因素。

3）风险数据库的建立与应用：采用信息化手段，建立风险数据库，对风险辨识结果实行动态维护，保证数据真实、完整，便于实际应用。

（2）动态风险辨识。动态风险辨识是对照作业安全风险辨识范本对作业过程中的风险因素进行辨识，并制定风险控制措施。

（3）作业项目风险辨识。作业安全风险辨识范本参照国家电网公司发布的《供电企业作业风险辨识防范手册》编制，是以标准化作业流程为依据，指导作业人员辨识作业过程中的风险，并明确其典型控制措施的参考规范。

作业项目风险辨识一般采用三维辨识法对整个项目所包含的风险因素进行辨识，并制定风险控制措施。三维辨识法是指对照作业安全风险辨识范本辨识作业过程中的动态风险、查看作业安全风险库辨识作业过程中的静态风险、现场勘察确认的一种风险辨识方法。

作业安全风险库是由作业安全风险事件组成，风险事件由对现场各类风险进行辨识、评估所得。

2. 风险评估

风险评估是指对事故发生的可能性和后果进行分析与评估，并给出风险等级的过程。

静态风险评估一般采用 LEC 法，动态风险评估一般采用 PR 法。风险等级分为一般、较大、重大三级。

作业项目风险评估依据企业制定的作业项目风险评估标准进行评估，风险等级一般分为 1～8 级。

（1）LEC 法。LEC 法是根据风险发生的可能性、暴露在生产环境下的频度、导致后果的严重性，针对静态风险所采取的一种风险评估方法，即 $D=LEC$，式中 D 为风险值。

L 为发生事故的可能性大小。当用概率来表示事故发生的可能性大小时，绝对不可能发生的事故概率为 0；而必然发生的事故概率为 1。然而，从系统安全角度考察，绝对不发生事故是不可能的，所以人为地将发生事故的可能性极小的分数定为 0.1，而必然发生的事故分数定为 10，各种情况的分数如表 3-1 所示。

表 3-1   事故发生的可能性（L）

事故发生的可能性（发生的概率）	分数值
完全可能预料（100%可能）	10
相当可能（50%可能）	6
可能，但不经常（25%可能）	3
可能性小，完全意外（10%可能）	1
很不可能，可以设想（1%可能）	0.5
极不可能（小于1%可能）	0.1

E 为暴露于危险的频繁程度。人员出现在危险环境中的时间越多，则危险性越大。将连续出现在危险环境的情况定为 10，非常罕见地出现在危险环境中定为 0.5，介于两者之间的各种情况规定若干个中间值，如表 3-2 所示。

表 3-2   暴露于危险环境频度（E）

暴露频度	分数值
持续（每天多次）	10
频繁（每天一次）	6
有时（每天一次～每月一次）	3
较少（每月一次～每年一次）	2
很少（50年一遇）	1
特少（100年一遇）	0.5

C 为发生事故的严重性。事故所造成的人身伤害或电网损失的变化范围很大，所以规定分数值为 1～100，将仅需要救护的伤害及设备或电网异常运行的分数定为 1，将可能造成特大人身、设备、电网事故的分数定为 100，其他情况的数值定为 1～100 之间，如表 3-3 所示。

表 3-3   发生事故的严重性（C）

分数值	后果	
	人身	电网设备
100	可能造成特大人身死亡事故者	可能造成特大设备事故者；可能引起特大电网事故者
40	可能造成重大人身死亡事故者	可能造成重大设备事故者；可能引起重大电网事故者
15	可能造成一般人身死亡事故或多人重伤者	可能造成一般设备事故者；可能引起一般电网事故者
7	可能造成人员重伤事故或多人轻伤事故者	可能造成设备一类障碍者；可能造成电网一类障碍者
3	可能造成人员轻伤事故者	可能造成设备二类障碍者；可能造成电网二类障碍者
1	仅需要救护的伤害	可能造成设备或电网异常运行

风险值 D 计算出后，关键是如何确定风险级别的界限值，而这个界限值并

不是长期固定不变。在不同时期,企业应根据其具体情况来确定风险级别的界限值。表 3-4 可作为确定风险程度的风险值界限的参考标准。

表 3-4　　　　　　　　风险程度与风险值的对应关系

风险程度	风险值
重大风险	$D \geqslant 160$
较大风险	$70 \leqslant D < 160$
一般风险	$D < 70$

（2）PR 法。PR 法是根据风险发生的可能性、导致后果的严重性,针对动态风险所采取的一种风险评估方法。

P 值代表事故发生的可能性（possible）,即在风险已经存在的前提下,发生事故的可能性。按照事故的发生率将 P 值分为四个等级,如表 3-5 所示。

表 3-5　　　　　　　　可能性定性定量评估标准表（P）

级别	可能性	含义
4	几乎肯定发生	事故非常可能发生,发生概率在 50% 以上
3	很可能发生	事故很可能发生,发生概率在 10%～50%
2	可能发生	事故可能发生,发生概率在 1%～10%
1	发生可能性很小	事故仅在例外情况下发生,发生概率在 1% 以下

R 值代表后果严重性（result）,即此风险导致事故发生之后,对人身、电网或设备造成的危害程度。根据《国家电网公司安全事故调查规程》的分类,将 R 值分为特大、重大、一般、轻微四个级别,如表 3-6 所示。

表 3-6　　　　　　　　严重性定性定量评估标准表（R）

级别	后果	严重性	
		人身	电网设备
4	特大	可能造成重大及以上人身死亡事故者	可能造成重大及以上设备事故者;可能引起重大及以上电网事故者
3	重大	可能造成一般人身死亡事故或多人重伤者	可能造成一般设备事故者;可能引起一般电网事故者
2	一般	可能造成人员重伤事故或多人轻伤事故者	可能造成设备一、二类障碍者;可能造成电网一、二类障碍者
1	轻微	仅需要救护的伤害	可能造成设备或电网异常运行

将表 3-5 和表 3-6 中的可能性和严重性结合起来,就得到用重大、较大、一般表示的风险水平描述,如图 3-1 所示。

（3）作业项目风险评估。作业项目风险评估指针对某一类作业项目,综合考虑其技术难度、对电网的影响程度、发生事故的可能性和后果等因素,在对

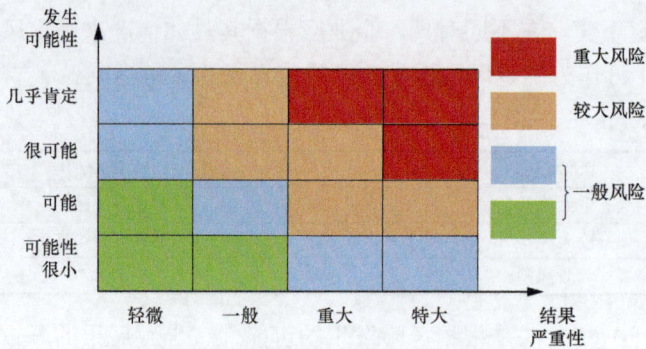

图 3-1　PR 法风险水平描述坐标图

项目风险进行风险辨识后，依据作业项目风险评估标准划定作业项目的整体风险等级。

3. 风险预警

风险预警是指对可能发生人身伤害事故和由人员责任导致的电网和设备事故的作业安全风险实行安全预警。

风险预警实行分类、分级管理，形成以单位、专业室（中心）、班组为主体的风险预警管理体系。

较大及以上等级的检修、倒闸操作作业项目风险应形成作业风险预警通知单，经过审核、批准后，由项目主管职能部门发布。

专业室（中心）接到风险预警后，细化预控措施，并布置落实。同时，专业室（中心）负责将落实情况反馈至主管职能部门。

4. 风险控制

风险控制是指采取预防或控制措施将风险降低到可接受的程度。

静态风险采用消除、隔离、防护、减弱等控制方法。动态风险利用作业安全风险控制措施卡、标准化作业指导书、工作票、操作票等安全组织、技术措施及安全措施进行现场风险控制。

作业安全风险控制措施卡是将辨识出的风险进行评估整理后，与工作票（或操作票）、标准化作业指导书配合使用的控制作业现场风险的载体。

5. 检查与改进

风险管控实施动态闭环过程管理，实现作业风险管控的持续改进。

二、职责与分工

按照管理职责和工作特点，不同管理层次负责控制不同程度和类型的安全风险，逐级落实安全责任。

1. 省公司级单位

省公司分管副总经理全面部署作业项目安全风险控制工作，定期检查、指导风险控制工作开展。

安监部是作业项目安全风险管控归口管理部门，牵头制定作业项目安全风险辨识评估与控制管理制度；监督、指导开展作业项目安全风险控制工作。

相关部门按照"谁主管、谁负责"的原则，负责指导专业范围内的变电运行、变电检修、输电检修、配电检修和电网调度专业的作业安全风险辨识评估与控制相关工作；协调安全风险控制现场出现的安全、技术问题。

2. 地市公司级单位

地市公司分管领导批准重大风险作业项目的风险评估结果，落实解决资金来源，及时协调风险控制过程中出现的问题。

安监部是作业项目安全风险管控归口管理部门，制定作业项目安全风险辨识评估与控制管理制度；监督、指导作业项目安全风险辨识评估与控制工作；审核较大及以上作业项目的风险评估结果；监督风险预警控制措施落实。

调控中心分析电网运行方式和系统稳定，明确电网运行方式存在的风险和电网风险控制措施等内容；监督、指导运维检修、营销和相关部门落实电网风险预控措施。

运维检修部门组织召开检修计划协调会，审查计划必要性、可行性和合理性；策划、落实检修、倒闸操作作业项目安全风险辨识评估与控制工作，审核较大及以上作业项目的风险评估结果；监督检查电网风险和检修、倒闸操作作业风险控制措施落实情况；协调现场风险控制过程中出现的问题。

基建部门审核较大及以上风险相关专业作业项目的风险评估结果，协调风险控制过程中出现的问题。

营销部门（客户服务中心）落实电网风险相关控制措施，协调风险控制过程中出现的问题，并将控制措施落实情况反馈给调控中心。

专业室（中心）开展作业项目安全风险辨识评估工作，审核一般及以上风险作业项目的风险评估结果；开展班组安全承载能力分析，组织实施作业项目安全风险控制，重点控制现场人身伤害、设备损坏、电网故障等风险，并反馈控制措施落实情况；负责年度、季度、月度、周检修计划的编制，检修任务的安排，现场勘察的组织，风险预警措施的落实。

3. 县公司级单位

县公司分管领导组织落实作业项目安全风险评估与控制工作，及时协调风险控制过程中出现的问题。

相关责任部门监督、指导作业项目安全风险辨识评估与控制工作；组织开展作业项目安全风险辨识评估工作，审核一般及以上风险作业项目的风险评估结果；监督风险预警控制措施落实。

专业室（中心）开展作业项目安全风险辨识评估工作；开展班组安全承载能力分析，组织实施作业项目安全风险控制，重点控制现场人身伤害、设备损坏、电网故障等风险，并反馈控制措施落实情况；负责年度、季度、月度、周检修计划的编制，检修任务的安排，现场勘察的组织，风险预警措施的落实。

4. 班组及相关人员

生产班组负责生产作业风险控制的执行，做好人员安排、任务分配、资源配置、安全交底、工作组织等风险管控。

工作票签发人、工作负责人、工作许可人、值班运维负责人、操作监护人等是生产作业风险管控现场安全和技术措施的把关人，负责风险管控措施的落实和监督。

作业人员是生产作业风险控制措施的现场执行人，应明确现场作业风险点，熟悉和掌握风险管控措施，避免人身伤害和人员责任事故的发生。

到岗到位人员负责监督检查方案、预案、措施的落实和执行，协调和指导生产作业风险管理的改进和提升。

三、作业组织与实施风险管控

地市公司级单位作业风险管控流程如图3-2所示。

1. 作业组织控制措施与要求

作业组织主要风险包括任务安排不合理、人员安排不合适、组织协调不力、资源配置不符合要求、方案措施不全面、安全教育不充分等。

风险管控的主要措施与要求：

（1）任务安排要严格执行月、周工作计划，系统考虑人、材、物的合理调配，综合分析时间与进度、质量、安全的关系，合理布置日工作任务，保证工作顺利完成。

（2）人员安排要开展班组承载力分析，合理安排作业力量。工作负责人胜任工作任务，作业人员技能符合工作需要，管理人员到岗到位。

（3）组织协调停电手续办理，落实动态风险预警措施，做好外协单位或其他配合单位的联系工作。

（4）资源调配满足现场工作需要，提供必要的设备材料、备品备件、车辆、

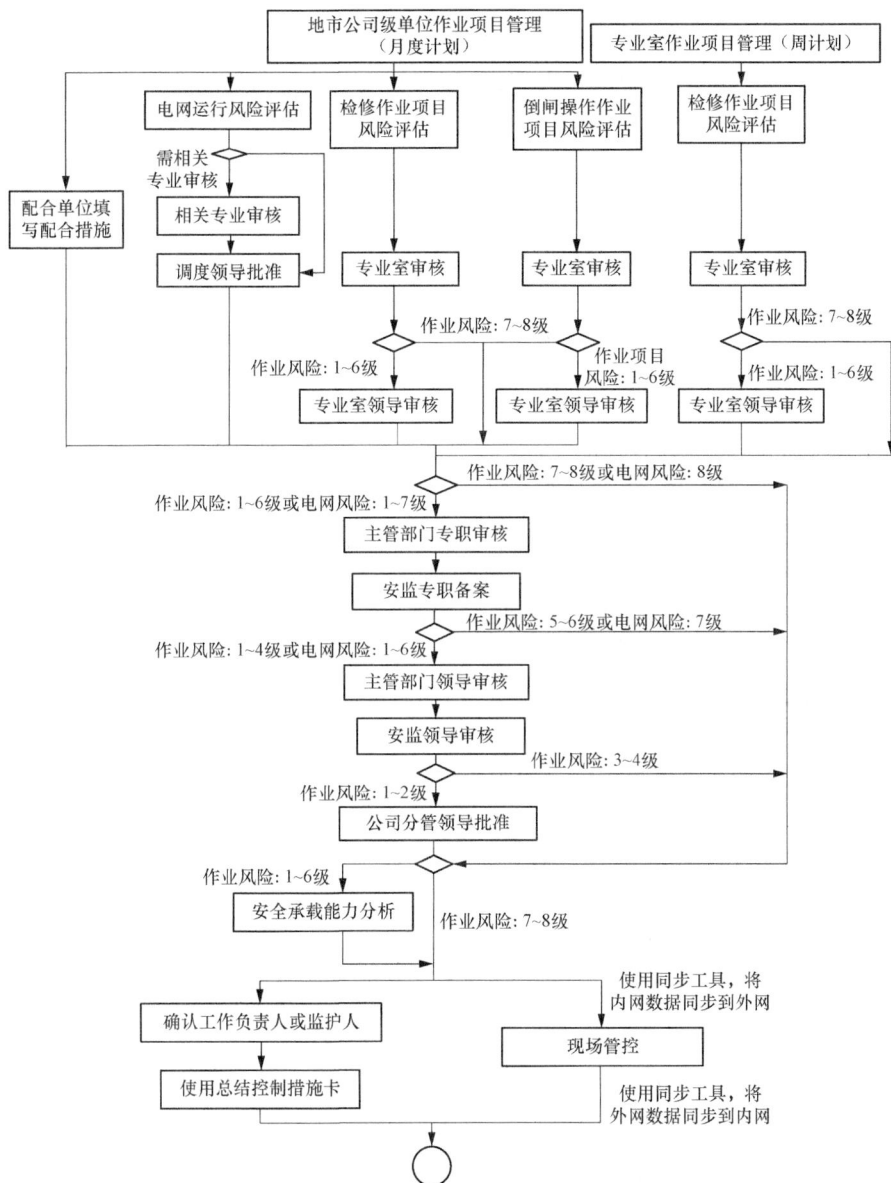

图 3-2　地市公司级单位作业风险管控流程图

机械、作业机具及安全工器具等。

（5）开展现场勘察，填写现场勘察单，明确需要停电的范围，保留的带电部位，作业现场的条件、环境及其他作业风险。

（6）方案制定科学严谨。根据现场勘察情况组织制定施工"三措"（组织措施、技术措施、安全措施)、作业指导书,有针对性和可操作性。危险性、复杂性和困难程度较大的作业项目工作方案,应经本单位批准后结合现场实际执行。

(7)组织方案交底。组织工作负责人等关键岗位人员、作业人员(含外协人员)、相关管理人员进行交底,明确工作任务、作业范围、安全措施、技术措施、组织措施、作业风险及管控措施。

2. 作业安全风险库的建立与维护

生产班组负责根据《评估规范》,查找管辖范围内的危险因素,明确风险所在的地点和部位,对风险等级进行初评,形成风险事件并上报专业室(中心)。专业室(中心)负责对生产班组上报的风险事件进行审核、复评。一般、较大风险事件,由专业室(中心)在作业安全风险库中发布。重大风险事件,由专业室(中心)上报单位相关职能部门和安监部门,相关职能部门会同安监部门对重大风险审核确认后在作业安全风险库中发布。

作业安全风险库应及时导入日常安全生产和管理(如日常检查、专项检查、隐患排查、安全性评价等)中新发现的风险。职能部门每年组织专家,依据《评估规范》进行专项风险辨识,补充、完善作业安全风险库中相关风险事件。对风险事件的新增、消除和风险等级的变更等维护工作仍遵循逐级审核、发布的原则。

作业安全风险库模板如表 3-7 所示。

表 3-7 作业安全风险库模板

序号	地点	部位	风险描述	作业类别	伤害方式	可能性	频度	严重性	风险值	风险等级	控制措施	填报单位	发布时间

作业安全风险库包括地点、部位、风险描述、作业类别、伤害方式、风险值、控制措施和填报单位和发布时间等内容,其含义如下:

(1)地点是指风险所在的变电站、高压室、配电站或线路。

(2)部位是指风险所在的间隔、设备或线段。

(3)风险描述是指风险可能导致事故的描述。

(4)作业类别包括变电运维、变电检修、输电运检、电网调度、配网运检五种。一个风险可对应多个作业类别。

(5)伤害方式一般包括触电、高处坠落、物体打击、机械伤害、误操作、交通事故、火灾、中毒、灼伤、动物伤害十种伤害方式。一个风险可对应多个伤害方式。

（6）风险值一般采用 LEC 法分析所得。

（7）控制措施是根据风险特点和专业管理实际所制定的技术措施或组织措施。

（8）填报单位是上报并跟踪管理的单位或部门。

（9）发布时间是经审核批准后公开发布该风险的时间。

3. 作业项目风险等级评估

作业项目风险等级评估指针对某一类作业项目，综合考虑其技术难度、对电网的影响程度、发生事故的可能性和后果等因素，在对项目风险进行风险辨识后，依据作业项目风险评估标准划定作业项目的整体风险等级（如表 3-8 所示）。

表 3-8　　　　　　输电线路作业风险评估标准（适用于地市、县公司）

总类	分类	评价内容	分值	评分	备注
熟悉程度（5分）	人员对设备的熟悉程度（5分）	熟悉	0		
		不熟悉（跨区域作业）	5		
设备健康状况（24分）	运行年限（9分）	1～5 年	1		
		6～10 年	6		
		11 年以上	7		
	缺陷状况（14分）	无缺陷	0		
		一般缺陷	2		
		严重缺陷	8		
		紧急缺陷	9		
技术资料（6分）	线路资料（6分）	齐全	0		
		不齐全	6		
人员结构（15分）	人员数量（5分）	10 人及以下	2		
		10～20 人	3		
		20 人以上	5		
	涉及班组（5分）	1 个	1		
		2～3 个	3		
		4 个及以上	5		
	外协单位情况（5分）	每增加 1 个为单位加 1 分	5		
作业环境（25分）	高塔工作（8分）	非高塔	5		
		呼高 50m 以上	8		
	钢管塔（5分）	不涉及	0		
		根据现场勘查结果得 1～5 分	5		
	邻近或跨越带电线路（5分）	不涉及	0		
		35kV（含）以上 5 分，35kV 以下每一处加 0.5 分	5		

总类	分类	评价内容	分值	评分	备注
作业环境 （25分）	同塔架设部分线路停电施工 （36分）	单回路线路	0		
		同塔双回路	12		
		同塔三回路	19		
		同塔四回路	36		
	感应电、静电（5分）	不涉及	0		
		根据现场勘查结果得0～5分	5		
	出单串绝缘子、出单串导线 （10分）	不涉及（出单串绝缘子、出单 根导线、下单根导线）	0		
		出单串直线绝缘子	2		
		出单串耐张绝缘子	3		
		下导线（单根）	5		
		出导线（单根）	10		
	动火作业及其环境（5分）	非动火作业	0		
		需用动火工作票	2		
		季节性因素（干燥、大风）	2		
		易燃物无法有效遮挡	5		
	照明条件（3分）	不需要额外照明	0		
		需额外照明（自备电源）	1		
		照明困难	2		
		夜间作业	3		
	气象条件（5分）	适宜	0		
		炎热	2		
		风力1～5级	2		
		雾天	2		
		雨天	2		
		雷季	5		
作业强度 （15分）	海拔（5分）	不涉及	0		
		20%塔位在海拔100m以上	1		
		50%塔位在海拔100m以上	3		
		线路70%塔位在海拔 100m以上	5		
	地形分类（5分）	平地	1		
		丘陵	2		
		高山大岭（海拔300m以上）	5		
	停电作业时间（5分）	5天以下	2		
		5天以上	5		
	工作强度，按照电压等级	一般强度	2		
		中等强度	3		

续表

总类	分类	评价内容	分值	评分	备注
技术难度（10分）	工作强度，按照电压等级	重大强度	5		
	首次接触的新技术、新工具（5分）	根据复杂程度	5		
	技术复杂程度（5分）	根据现场勘察情况和导线分裂数以及导线受力	5		
总分100		评估得分：（　　　　）	风险等级：		

运检部门负责根据月度计划创建作业项目并下达到调控中心、配合单位和检修、运行专业室（中心）。作业项目的创建原则：一般以单条月度工作计划为一个作业项目；对于关联度较高的几条月度工作计划，可以合并成一个作业项目。

地市公司月度计划（周计划）均需进行电网风险评估。电网风险8级（1～29分），由调控中心领导审核；电网风险7级（30～39分），由主管部门专责审核；电网风险1～6级（40～100分），由主管部门领导审核、公司领导批准。作业项目风险7～8级（1～39分），专业室（中心）专责审核后直接执行；作业项目风险5～6级（40～59分），主管部门专责审核后执行；作业项目风险3～4级（60～79分），主管部门领导审核后执行；作业项目风险1～2级（80～100分），公司领导批准后执行。

专业室（中心）内部计划无需进行电网风险评估。作业项目风险7～8级（1～39分），专业室（中心）专责审核后直接执行；作业项目风险5～6级（40～59分），主管部门专责审核后执行；作业项目风险3～4级（60～79分），主管部门领导审核后执行；作业项目风险1～2级（80～100分），公司领导批准后执行。

县级公司周计划均需进行电网风险评估。电网风险8级（1～29分），由供电所领导审核；电网风险1～7级（30～100分），由主管部门领导审核、公司领导批准。作业项目风险7～8级（1～39分），供电所领导审核后直接执行；作业项目风险5～6级（40～59分），主管部门专责审核后执行；作业项目风险3～4级（60～79分），主管部门领导审核后执行；作业项目风险1～2级（80～100分），公司领导批准后执行。

4. 现场实施主要风险及控制措施与要求

现场实施主要风险包括电气误操作、继电保护"三误"（误碰、误整定、误接线）、触电、高处坠落、机械伤害等。

现场实施风险控制的主要措施与要求：

（1）作业人员作业前经过交底并掌握方案。

（2）危险性、复杂性和困难程度较大的作业项目，作业前必须开展现场勘察，填写现场勘察单，明确工作内容、工作条件和注意事项。

（3）严格执行操作票制度。解锁操作应严格履行审批手续，并实行专人监护。接地线编号与操作票、工作票一致。

（4）工作许可人应根据工作票的要求在工作地点或带电设备四周设置遮栏（围栏），将停电设备与带电设备隔开，并悬挂安全警示标示牌。

（5）严格执行工作票制度，正确使用工作票、动火工作票、二次安全措施票和事故应急抢修单。

（6）组织召开开工会，交待工作内容、人员分工、带电部位和现场安全措施，告知危险点及防控措施。

（7）安全工器具、作业机具、施工机械检测合格，特种作业人员及特种设备操作人员持证上岗。

（8）对多专业配合的工作要明确总工作协调人，负责多班组各专业工作协调；复杂作业、交叉作业、危险地段、有触电危险等风险较大的工作要设立专责监护人员。

（9）操作接地是指改变电气设备状态的接地，由操作人员负责实施，严禁检修工作人员擅自移动或拆除。工作接地是指在操作接地实施后，在停电范围内的工作地点，对可能来电（含感应电）的设备端进行的保护性接地，由检修人员负责实施，并登录在工作票上。

（10）严格执行安全规程及现场安全监督，不走错间隔，不误登杆塔，不擅自扩大工作范围。

（11）全部工作完毕后，拆除临时接地线、个人保安接地线，恢复工作许可前设备状态。

（12）根据具体工作任务和风险度高低，相关生产现场领导和管理人员到岗到位。

5. 安全承载能力分析

作业项目负责人根据经审核、批准的作业项目风险评估结果开展班组安全承载能力分析。若安全承载能力无法满足作业项目风险等级，则及时调整人员安排和装备配置，直到安全承载能力与作业项目风险等级相匹配。

班组安全承载能力分析内容包括：班组成员的技能等级、工作经验、安全积分，以及班组生产装备和安全工器具的匹配程度。如表3-9所示。

表 3-9　　　　　　　　　　班组安全承载能力分析标准

分类		评分方法	分值	评分标准	评估得分
工作负责人	技能等级	工作负责人的技能等级水平	15	由个人安全技能等级划分。5 级 15 分，4 级 12 分，3 级 10 分，2 级 8 分，1 级 6 分	
	工作经验	工作负责人参与该类型的工作经历	15	由单位根据实际情况发文公布分值	
	安全积分	工作负责人的安全积分扣分次数	15	安全积分未扣分时得 15 分，安全积分有扣分的，每一次减 2 分	
工作班成员	技能等级	工作班成员平均技能等级	15	由工作班成员平均安全技能等级划分。5 级 15 分，4 级 12 分，3 级 10 分，2 级 8 分，1 级 6 分（在区间中的区中间分）	
	工作经验	工作班成员的平均工作经验	10	由单位根据实际情况发文公布工作班成员工作经验分值，再计算平均值	
	安全积分	全部成员的安全积分（累加）扣分次数	15	安全积分（累加）未扣分时得 15 分，安全积分（累加）有扣分的，每一次减 1 分	
生产装备和安全工器具	匹配程度	主要生产装备和工器具是否够用或需外借	15	够用得 15 分，需外借得 10 分	
合计					

　　技能等级是依据个人所取得的员工安全技术等级确定，可与人员安全信息库中的数据进行匹配后自动生成。工作经验的分值由各单位依据员工实际情况定期发文公布，可与人员安全信息库中的数据进行匹配后自动生成。安全积分是依据个人安全积分情况确定，可与人员安全信息库中的数据进行匹配后自动生成。

　　生产装备和安全工器具的匹配程度，则需要评估人员按照实际情况进行评估。

　　作业项目风险等级与安全承载能力分析评估得分的要求：1 级风险作业的评估得分必须大于 90 分；2 级风险作业的评估得分必须大于 85 分；3 级风险作业的评估得分必须大于 80 分；4 级风险作业的评估得分必须大于 75 分；5 级风险作业的评估得分必须大于 70 分；6 级风险作业的评估得分必须大于 65 分；7、8 级风险作业的评估得分必须大于 60 分。

　　6. 作业安全风险控制措施卡的使用

　　作业安全风险控制措施卡（以下简称控制措施卡）的一般要求：

　　（1）在开展现场作业前，由工作负责人查看作业项目风险评估结果并打印控制措施卡，必要时可补充、完善控制措施卡中的安全风险和控制措施。

　　（2）依据控制措施卡对现场作业存在的风险进行控制。控制措施卡在使用过程中遇到现场风险因素变更时，工作负责人（或值长）应将变更的危险因素填入控制措施卡并制定、落实控制措施，必要时报请单位及相关职能部门批准后执行。

（3）及时总结控制措施卡执行情况。

输电检修作业项目中控制措施卡的使用要求：

（1）控制措施卡的执行人由工作负责人担任。

（2）控制措施卡可作为工作安全交底内容使用。

（3）作业项目实施过程中，工作负责人负责监督控制措施卡中控制措施的落实并逐项确认、随时判断控制措施卡中的风险是否变更并及时调整。

（4）作业结束后，执行人应在班后会中与工作班成员共同总结控制措施卡的执行情况。

7. 应急处置

针对现场具体作业项目编制风险失控现场处置方案。组织作业人员学习并掌握现场处置方案。现场工作人员应定期接受培训，学会紧急救护法，会正确解脱电源，会心肺复苏法，会转移搬运伤员等。

第二节 作业安全风险辨识评估与控制

一、公共部分

表 3-10　　　　　　　　输电线路带电作业安全风险辨识内容（公共部分）

序号	辨识项目	辨识内容
1	气象条件	1）雷电、雪、雹、雨、雾等； 2）风力大于 5 级或湿度大于 80%
2	作业人员	1）作业人员有妨碍高空作业的病症； 2）作业人员连续工作，疲劳困乏或情绪异常； 3）作业人员资质
3	外来人员	外来人员的安全教育和现场危险点告知
4	安全工器具	1）工器具的试验、铭牌、标签是否齐全； 2）工器具的使用荷载与作业实际荷载是否相符； 3）绝缘工器具作业前的检查，绝缘电阻测量； 4）屏蔽服的电阻测量
5	安全措施	1）后备保护绳（长腰带）的长度是否根据现场作业实际选用； 2）各种安全距离是否足够

二、专业部分

1. 带电更换绝缘子（串）作业

表 3-11　　　　带电更换绝缘子（串）作业风险辨识内容及典型控制措施

序号	辨识项目	辨识内容	典型控制措施
1	攀登杆塔	（1）攀登前未核对线路双重命名及色标，误登杆塔触电伤害	攀登杆塔前，应仔细核对线路双重命名，经小组负责人确认后方可上塔
		（2）登杆及杆上移动作业，措施不力，处理不当造成的高处坠落	1）登杆前，应检查杆根、拉线、登高工具（脚扣、安全带等），确保安全、合格、合适； 2）严禁攀登不稳固、有断杆危险的杆塔，禁止利用绳索、拉线上下杆塔或顺杆下滑；冬季登杆还应采取防滑措施。只有在杆基回填土全部夯实，或有可靠临时固定措施时，方可上杆塔。必要时，应采取有效安全措施； 3）杆塔上转移作业位置时，不得失去安全带保护。严禁携带器材、重物等上下杆塔或位移。电杆上有人工作，不得调整或拆除拉线
		（3）攀登过程中遭遇小动物侵袭，如马蜂等	1）上杆塔前，应检查作业路线及作业点处有无野蜂，若遇野蜂袭击。应立即用衣物保护好自己的头颈，原地不动。不要试图反击，待野蜂找不到目标而飞走时，方能攀登； 2）上下杆塔遇到意外时应冷静，在安全带保护下进行处理； 3）现场配备必备的防护药品
		（4）500kV 带电杆塔上作业未穿屏蔽服、导电鞋	在 500kV 带电杆塔上作业必须穿全套合格的屏蔽服、导电鞋
2	杆塔上作业	（1）杆塔上转位失去保险带高空坠落	系好双保险安全带，移动转位保持有安全带保护
		（2）转移电位时零值或劣值绝缘子过多，造成触电事故	检测绝缘子时，良好绝缘子片数（扣除零值、劣值和被短接的绝缘子）不得少于《安规》相应电压等级良好绝缘子片数要求，否则立即停止作业
		（3）转移电位时屏蔽服不合格，造成触电事故	330kV 及以上线路，塔上人员必须穿戴合格的屏蔽服
		（4）转移电位时作业组合间隙过小	等电位电工组合间隙的距离保持大于《安规》相应电压等级最小组合间隙的要求
		（5）转移电位时人体裸露部分与带电体距离不满足要求造成电击	人体裸露部分与带电体的距离不应小于 0.4（500kV）、0.3m（220kV 及以下）
		（6）更换绝缘子（串）作业时失去安全带保护，造成高空坠落	1）等电位作业人员安全带系在非更换串侧导线上； 2）绝缘长腰绳不能布置在待更换串侧，且不能穿过绝缘子串及导线下方，并尽量收短； 3）安全带不能系在更换串上，绝缘传递绳不能挂在更换串上； 4）不能跨坐两串绝缘子上操作；作业人员采取"跨二短三"方式由绝缘子串进、出电位，动作要规范，幅度不能过大
		（7）更换绝缘子（串）作业时带电作业距离达不到要求	作业人员对带电体（接地体）保持足够的安全距离

序号	辨识项目	辨识内容	典型控制措施
2	杆塔上作业	（8）更换绝缘子（串）作业时作业过程中线路突然停电	在带电作业过程中，如遇线路突然停电，作业人员应视线路仍然带电，工作负责人应尽快与调控中心联系，调控中心未与工作负责人取得联系前，不得强送电
		（9）更换绝缘子（串）作业时高处作业措施不完善，违章抛掷等造成坠物伤人	1）电杆上作业防止掉东西，工器具、材料等应放在工具袋内，工器具的传递要使用传递绳； 2）高处作业垂直下方区域应装设围栏，且垂直下方严禁站人，其他人员应远离杆高 1.2 倍以外
		（10）地面配合绞磨伤人	1）人员不能逗留在牵引绳内角侧，转向滑车处要对牵引绳后备保护； 2）绞磨操作员不能戴手套
3	现场环境	（1）杆塔、脚钉、爬梯等设施表面有异物造成高处坠落	1）上下杆塔或高处作业前，应检查杆塔、脚钉、爬梯及设施表面有无冰雪、青苔、油污等异物，并根据实际，采取有效措施予以清除； 2）上下杆塔或在高处位移时，应有防止高空坠落的后备保护，并穿软底鞋防滑； 3）攀登无脚钉、爬梯且表面附有易滑物的混凝土电杆时，应使用登高板，并采取防滑措施
		（2）夜间高处作业现场照明不足造成坠落	1）正确配置合格、合适、照度满足要求的移动应急照明工器具，确保其完备、完好； 2）作业时，现场应保证至少有二套移动应急照明工器具
		（3）恶劣天气高处作业，造成的高处坠落	1）遇有 6 级及以上大风，雷雨，大雾等极端恶劣天气时，不得进行高空露天作业； 2）遇有零下 10℃ 以下气温时，不宜进行高处作业，确需工作时，应采取保暖措施，并控制时间在 1h 以内。冰冻天气进行高处作业前，应先采取铲除覆冰或融冰等有效防滑措施； 3）高温时段不宜进行室外高处作业，确需工作时，应采取相应的防暑降温措施，并根据实际情况，控制高空作业时间
		（4）其他意外	做好防护措施，预防滑出作业平台或踩空坠落等造成人员摔伤

2. 带电更换金具（悬垂线夹、防振锤、间隔棒）及附件作业

表 3-12 带电更换金具（悬垂线夹、防振锤、间隔棒）及附件作业风险辨识内容及典型控制措施

序号	辨识项目	辨识内容	典型控制措施
1	攀登杆塔	（1）攀登前未核对线路双重命名及色标，误登杆塔触电伤害	攀登杆塔前，应仔细核对线路双重命名，经小组负责人确认后方可上塔
		（2）登杆塔及杆塔上移动作业，措施不力，处理不当造成的高处坠落	1）登杆前，应检查杆根、拉线、登高工具（脚扣、安全带等），确保安全、合格、合适； 2）严禁攀登不稳固、有断杆危险的杆塔，禁止利用绳索、拉线上下杆塔或顺杆下滑；冬季登杆还应采取防滑措施。只有在杆基回填土全部夯实，或有可靠临时固定措施时，方可上杆塔。必要时，应采取有效安全措施；

序号	辨识项目	辨识内容	典型控制措施
1	攀登杆塔	（2）登杆塔及杆塔上移动作业，措施不力，处理不当造成的高处坠落	3）杆塔上转移作业位置时，不得失去安全带保护。严禁携带器材、重物等上下杆塔或位移。电杆上有人工作，不得调整或拆除拉线
		（3）攀登过程中遭遇小动物侵袭，如马蜂等	1）上杆塔前，应检查作业路线及作业点处有无野蜂，若遇野蜂袭击。应立即用衣物保护好自己的头颈，原地不动。不要试图反击，待野蜂找不到目标而飞走时，方能攀登； 2）上下杆塔遇到意外时应冷静，在安全带保护下进行处理； 3）现场配备必备的防护药品
		（4）带电杆塔上作业未穿屏蔽服、导电鞋	在330kV及以上电压等级线路带电杆塔上作业必须穿全套合格的屏蔽服、导电鞋
2	杆塔上作业	（1）杆塔上转位失去保险带高空坠落	系好双保险安全带，移动转位保持有安全带保护
		（2）转移电位时零值或劣值绝缘子过多，造成触电事故	检测绝缘子时，良好绝缘子片数（扣除零值、劣值和被短接的瓷瓶）不得少于《安规》相应电压等级良好绝缘子片数的要求，否则立即停止作业
		（3）转移电位时屏蔽服不合格，造成触电事故	塔上人员必须穿戴合格的屏蔽服
		（4）转移电位时作业组合间隙过小	等电位电工组合间隙的距离保持大于《安规》相应电压等级最小组合间隙的要求
		（5）转移电位时人体裸露部分与带电体距离不满足要求造成电击	人体裸露部分与带电体的距离不应小于0.4（500kV）、0.3m（220kV及以下）
		（6）带电更换作业时，上下绝缘子串及在导线上工作时失去保险带高空坠落	系好双保险安全带，任何时候都不能失去安全带保护
		（7）带电更换作业时带电作业距离达不到要求	作业人员对带电体（接地体）保持足够的安全距离
		（8）带电更换作业过程中线路突然停电	在带电作业过程中，如遇线路突然停电，作业人员应视线路仍然带电，工作负责人应尽快与调控中心联系，调控中心未与工作负责人取得联系前，不得强行送电
		（9）带电更换作业时高处作业措施不完善，违章抛掷等造成坠物伤人	1）电杆上作业防止掉东西，工器具、材料等应放在工具袋内，工器具的传递要使用传递绳； 2）高处作业垂直下方区域应装设围栏，且垂直下方严禁站人，其他人员应远离杆高1.2倍以外
		（10）地面配合绞磨伤人	1）人员不能逗留在牵引绳内角侧，转向滑车处对牵引绳作后备保护； 2）绞磨操作员不能戴手套

序号	辨识项目	辨识内容	典型控制措施
3	现场环境	（1）杆塔、脚钉、爬梯等设施表面有异物造成高处坠落	1）上下杆塔或高处作业前，应检查杆塔、脚钉、爬梯及设施表面有无冰雪、青苔、油污等异物，并根据实际，采取有效措施予以清除； 2）上下杆塔或在高处位移时，应有防止高空坠落的后备保护，并穿软底鞋防滑； 3）攀登无脚钉、爬梯，且表面附有易滑物的混凝土电杆时，应使用登高板，并采取防滑措施
		（2）夜间高处作业现场照明不足造成坠落	1）正确配置合格、合适、照度满足要求的移动应急照明工器具，确保其完备、完好； 2）作业时，现场应保证至少有二套移动应急照明工器具
		（3）恶劣天气高处作业，造成的高处坠落	1）遇有 6 级及以上大风，雷雨，大雾等极端恶劣天气时，不得进行高空露天作业； 2）遇有零下 10℃以下气温时，不宜进行高处作业，确需工作时，应采取保暖措施，并控制时间在 1h 以内。冰冻天气进行高处作业前，应先采取铲除覆冰或融冰等有效防滑措施； 3）高温时段不宜进行室外高处作业，确需工作时，应采取相应的防暑降温措施，并根据实际情况，控制高空作业时间
		（4）其他意外	做好防护措施，预防滑出作业平台或踩空坠落等造成人员摔伤

3. 带电导线连接器过热处理、断、接引线作业

表 3-13　带电导线连接器过热处理、断、接引线作业风险辨识内容及典型控制措施

序号	辨识项目	辨识内容	典型控制措施
1	攀登杆塔	（1）攀登前未核对线路双重命名及色标，误登杆塔触电伤害	攀登杆塔前，应仔细核对线路双重命名，经小组负责人确认后方可上塔
		（2）登杆塔及杆塔上移动作业，措施不力，处理不当造成的高处坠落	1）登杆前，应检查杆根、拉线、登高工具（脚扣、安全带等），确保安全、合格、合适； 2）严禁攀登不稳固、有断杆危险的杆塔，禁止利用绳索、拉线上下杆塔或顺杆下滑；冬季登杆还应采取防滑措施。只有在杆基回填土全部夯实，或有可靠临时固定措施时，方可上杆塔。必要时，应采取有效安全措施； 3）杆塔上转移作业位置时，不得失去安全带保护。严禁携带器材、重物等上下杆塔或位移。电杆上有人工作，不得调整或拆除拉线
		（3）攀登过程中遭遇小动物侵袭，如马蜂等	1）上杆塔前，应检查作业路线及作业点处有无野蜂，若遇野蜂袭击，应立即用衣物保护好自己的头颈，原地不动。不要试图反击，待野蜂找不到目标而飞走时，方能攀登； 2）上下杆塔遇到意外时应冷静，在安全带保护下进行处理； 3）现场配备必备的防护药品

序号	辨识项目	辨识内容	典型控制措施
1	攀登杆塔	（4）带电杆塔上作业未穿屏蔽服、导电鞋	在 330kV 及以上电压等级线路带电杆塔上作业必须穿全套合格的屏蔽服、导电鞋
2	杆塔上作业	（1）杆塔上转位失去保险带高空坠落	系好双保险安全带，移动转位保持有安全带保护
		（2）转移电位时零值或劣值绝缘子过多，造成触电事故	检测绝缘子时，良好绝缘子片数（扣除零值、劣值和被短接的绝缘子）不得少于《安规》相应电压等级良好绝缘子片数的要求，否则立即停止作业
		（3）转移电位时屏蔽服不合格，造成触电事故	塔上人员必须穿戴合格的屏蔽服
		（4）转移电位时作业组合间隙过小	等电位电工组合间隙的距离保持大于《安规》相应电压等级最小组合间隙的要求
		（5）转移电位时人体裸露部分与带电体距离不满足要求造成电击	人体裸露部分与带电体的距离不应小于 0.4（500kV）、0.3m（220kV 及以下）
		（6）感应电刺激	在 330kV 及以上电压等级的线路杆塔上作业，应采取防静电感应措施，如穿静电感应防护服、导电鞋等
		（7）绝缘工具失效造成触电	1）应定期试验合格； 2）运输过程中妥善保管，避免受潮； 3）使用时操作人应戴防汗手套。并注意保持足够的有效绝缘长度； 4）现场使用前应用绝缘测试仪检查其绝缘电阻不小于 700MΩ
		（8）空气间隙击穿造成触电	1）作业前应确认空气间隙满足安全距离的要求，对于无法确认的，应现场实测确认后，方可进行作业； 2）等电位电工进场过程中应尽量缩小身体的活动范围，以免造成组合间隙不足
		（9）导线连接器过热处理时造成烫伤	等电位电工在作业过程中应避免直接接触发热点，防止烫伤
		（10）导线连接器过热处理时造成电弧灼伤	等电位电工进场作业前，应判断连接点过热后金属熔化或退火的情况，如果温度过高应申请减少线路输送负荷，防止作业过程中连接点突然断开后电弧伤人
		（11）高处作业措施不完善，违章抛掷等造成坠物伤人	1）电杆上作业防止掉东西，工器具、材料等应放在工具袋内，工器具的传递要使用传递绳； 2）高处作业垂直下方区域应装设围栏，且垂直下方严禁站人，其他人员应远离杆高 1.2 倍以外
		（12）带电断、接引线时，带负荷或带接地短接引线造成跳闸	1）接空载线路前应检查并确认所有与待接线路相连的断路器均已断开，所有固定、临时接地均已拆除； 2）拆空载线路前应检查并确认线路受电侧的断路器已断开处于空载状态
		（13）带电断、接引线时，消弧工具被空载电流烧断	1）线路断接引前应计算线路的空载电容电流，以选择相应的消弧工具；

序号	辨识项目	辨识内容	典型控制措施
2	杆塔上作业	（13）带电断、接引线时，消弧工具被空载电流烧断	2）采用消弧绳短接空载线路时110kV线路电压等级最长线路长度为10km； 3）采用消弧绳拉上和断开引线时动作要迅速，以便迅速消灭电弧
		（14）带电断、接引线时，人体串入空载电路	1）断接引线要用专用消弧工具，引线断接瞬间等电位人员要离开连接点一定距离； 2）接引线时应先接好引线后拆除消弧工具，拆引线时应先装好消弧工具后拆引线。等电位人员不得同时接触已断开或未接通的引线两端头
3	现场环境	（1）杆塔、脚钉、爬梯等设施表面有异物造成高处坠落	1）上下杆塔或高处作业前，应检查杆塔、脚钉、爬梯及设施表面有无冰雪、青苔、油污等异物，并根据实际，采取有效措施予以清除； 2）上下杆塔或在高处位移时，应有防止高空坠落的后备保护，并穿软底鞋防滑； 3）攀登无脚钉、爬梯，且表面附有易滑物的混凝土电杆时，应使用登高板，并采取防滑措施
		（2）夜间高处作业现场照明不足造成坠落	1）正确配置合格、合适、照度满足要求的移动应急照明工器具，确保其完备、完好； 2）作业时，现场应保证至少有两套移动应急照明工器具
		（3）恶劣天气高处作业，造成的高处坠落	1）遇有6级及以上大风，雷雨，大雾等极端恶劣天气时，不得进行高空露天作业； 2）遇有零下10℃以下气温时，不宜进行高处作业，确需工作时，应采取保暖措施，并控制时间在1h以内。冰冻天气进行高处作业前，应先采取铲除覆冰或融冰等有效防滑措施； 3）高温时段不宜进行室外高处作业，确需工作时，应采取相应的防暑降温措施，并根据实际情况，控制高空作业时间
		（4）其他意外	做好防护措施，预防滑出作业平台或踩空坠落等造成人员摔伤

第四章　现场标准化作业

第一节　现场标准化作业一般要求

现场标准化作业是指以企业现场安全生产、技术和质量活动的全过程及其要素为主要内容，按照企业安全生产的客观规律与要求，制定作业程序标准和贯彻标准的一种有组织活动。现场标准化作业是规范输电线路作业现场"作业标准化、管理精益化、安全常态化"有效途径。本着"统一标准、优化流程、规范作业，强化执行"的工作方针，现场作业"三要、六禁、九步"是标准化作业的工作标准，标准化作业指导书和现场执行卡是开展现场标准化作业的具体形式。

现场安全作业标准化流程：

（1）作业计划。

平衡年度、季度、月度生产计划，分析、评估电网和作业项目施工的安全风险，考虑班组安全生产承载力等内容，安排实施周工作计划。

（2）现场勘察。

相关人员进行现场勘察，了解现场安全状况，填写勘察记录。

（3）施工组织。

开展安全产生承载力分析，查找和分析现场作业危险点和风险，提出风险控制措施要求；根据现场勘察情况编写组织措施、技术措施、安全措施和施工（作业）方案，评估项目施工风险。

（4）现场安全措施。

工作负责人根据工作许可，检查安全措施是否到位，危险点预防控制措施是否得到落实，施工中是否还存在其他风险。

（5）站班会。

开始工作前，现场负责人集中所有作业人员召开站班会，布置工作任务、明确各工作面工作负责人和专责监护人，说明作业范围、作业特点，进行安全措施、技术措施交底，对各专业班组间的工作面配合和程序进行交底，告知危险点及其防控措施、安全操作注意事项、发生事故时的应急措施和其他安全注意事项，交底结束作业人员确认并签字。

（6）现场作业。

严格按作业指导书程序和项目、质量标准进行施工作业。

（7）现场监护。

工作负责人进行全面监护，及时制止违反安全行为，监督、检查现场危险点预控措施的执行；重要危险施工面派专责监护人监护。

（8）工作终结。

全部工作完毕后，工作班清理现场，全部工作人员撤离，检查设备上是否有遗留物，并核对设备状态，然后办理工作终结手续。

（9）班后会。

由工作负责人召开班后会，开展班后总结，分析本次工作的安全情况，表扬好人好事，批评忽略安全、违章作业等不良现象，针对下一日工作进行预先布置及安排。

第二节　现场标准化作业规范

一、输电线路带电作业"三要"

（1）要有良好气象条件并停用重合闸。

输电线路带电作业应在良好天气下进行。如遇雷电（听见雷声、看见闪电）、雪、雹、雨、雾等，禁止进行带电作业。风力大于 5 级时，或湿度大于 80%时，不宜进行带电作业。在特殊情况下，必须在恶劣天气进行带电抢修时，应组织有关人员充分讨论并编制必要的安全措施，经本单位批准后方可进行。

带电作业有以下情况之一者应停用重合闸或直流线路再启动功能，并不得强送电：

1）中性点有效接地的系统中有可能引起单相接地的作业；

2）中性点非有效接地的系统中有可能引起相间短路的作业；

3）直流线路中有可能引起单极接地或极间短路的作业；

4）工作票签发人或工作负责人认为需要停用重合闸或直流线路再启动功能

的作业。

严禁约时停电或恢复重合闸。

（2）要有合格的电力线路带电作业工作票。

现场合格的带电作业工作票是确保作业人员人身安全的关键，经批准的工作票签发人、工作负责人、工作许可人，应把好现场作业的安全关。一个工作负责人只能发给一张工作票。若一张工作票下设多个小组工作，每个小组应指定工作负责（监护）人，并使用工作任务单。

（3）要有带电作业方案和作业指导书。

对危险性、复杂性、困难程度较大的线路带电作业项目和工作票签发人或工作负责人认为必要时，必须进行现场勘察，并要有经过严格的编、审、批手续的带电作业方案，使现场作业有各项严密的组织、安全、技术措施。每项带电作业必须有作业指导书。

二、输电线路带电作业"六禁"

（1）禁止无资质的人员上岗作业。带电作业人员应满足 Q/GDW1799.2《国家电网公司电力安全工作规程线路部分》及《国家电网公司带电作业工作管理规定》《国家电网公司提升架空输电线路带电作业规范化水平指导意见》中关于带电作业人员基本要求的规定。

（2）禁止工器具现场未检验作业。带电作业工器具在使用前，应仔细检查确认没有损坏、受潮、变形、失灵等情况，否则禁止使用；并使用 2500V 及以上绝缘电阻表或绝缘检测仪进行分段绝缘检测，阻值应不低于 700MΩ。

（3）禁止使用不合格工器具作业。带电作业工器具应按周期试验，不得使用试验不合格或试验超周期的工器具，并应根据工作负荷校验，以满足规定安全系数。

（4）禁止未经调度许可进行作业。带电作业必须经调度许可，必要时停用重合闸或直流线路再启动功能，并不得强送电。

（5）禁止现场失去安全监护作业。带电作业应设专责监护人，监护人不得直接操作，监护范围不得超过一个作业点，复杂或高杆塔作业必要时应增设（塔上）监护人。

（6）禁止带电作业人员酒后作业。作业人员严禁在酒后进行带电作业。

三、输电线路带电作业"九步"

（1）三交三查，落实预控。工作负责人在开工前召集工作人员召开现场班前会，具体交待工作任务、作业风险和安全措施，检查个人工器具、个人劳动防护用品和人员精神状况。

（2）检查工具，防止受潮。带电作业工器具在使用前要外观检查合格，在运输过程中，带电作业工器具应装入特制的工具袋、工具箱，防止工具表面擦伤损坏，使用中必须戴手套防止受潮受污。如果绝缘工具遭表面损伤或受潮，应及时进行干燥处理，并经试验合格后方可继续使用。

（3）停重合闸，调度许可。带电作业必须经调度许可，必要时停用重合闸或直流线路再启动功能，并不得强送电。

（4）现场交底，专人监护。带电作业应设专责监护人，工作前要进行"三交三查"。

（5）核对命名，流程作业。工作人员上塔工作前须核对线路的双重命名、杆塔号和相位，要按照带电作业指导书的流程进行作业。

（6）作业结束，质量自查。作业结束后，作业人员要对作业质量进行自查，经工作负责人同意后结束作业。

（7）工作完成，清理现场。工作完成后，要注意塔上、地面上有无遗留物，按照文明施工的要求，做到"工完、料净、场地清"。

（8）工作终结，汇报调度。工作终结后，及时汇报调度，恢复重合闸。

（9）填好记录，班后小结。做好设备台账变更记录，填好带电作业情况统计报表，班后对作业情况及存在的问题进行小结，以便改进、提高。

第三节　现场标准化作业指导书（卡）的编制与应用

一、现场标准化作业指导书的编制原则

（1）作业指导书的编制应体现对现场作业的全过程控制的要求，对作业计划、准备、实施、总结等各个环节，明确具体操作的方法、步骤、危险点预控措施标准和人员责任，依据工作流程组合的执行文件。

（2）作业指导书的编制应依据生产计划。生产计划的制定应根据现场运行设备的状态，如缺陷异常、反措要求、技术监督等内容，应施行刚性管理，变更应严格履行审批手续。

（3）作业指导书应在作业前编制，注重策划和设计，量化、细化、标准化每项作业内容。做到作业有程序、安全有措施、质量有标准、考核有依据。

（4）应针对现场实际，进行危险点分析，制定相应的防范措施。

（5）应体现分工明确，责任到人，编制、审核、批准和执行应签字齐全。

（6）围绕安全、质量两条主线，实现安全与质量的综合控制。优化作业方案，提高效率、降低成本。

（7）一项作业任务编制一份作业指导书。

（8）应规定保证本项作业安全和质量的技术措施、组织措施、工序及验收内容。

（9）以人为本，贯彻安全生产健康环境质量管理体系（SHEQ）的要求。

（10）概念清楚、表达准确、文字简练、格式统一。

（11）应结合现场实际由专业技术人员编写，由相应的主管部门审批。

二、现场标准化作业指导书的结构内容及格式

输电线路带电作业现场标准化作业指导书由封面、适用范围、引用标准、修前准备、作业程序和附录等内容组成。

1. 封面

指导书封面由作业名称、编号、编写人及时间、审核人及时间、批准人及时间、作业负责人、作业工期、编写部门八项内容组成。

作业名称包含电压等级、线路名称、具体作业的杆塔号、作业内容。编号应具有唯一性和可追溯性，便于查找。可采用企业标准编号，位于封面的右上角。编制人及时间，作业指导书的编写人，在指导书编写人一栏内签名，并注明编写时间。审核人及时间，作业指导书的审批人，对编写的正确性负责，在指导书审核人一栏内签名，并注明审核时间。批准人及时间，作业指导书执行的许可人。在指导书批准人一栏内签名，并注明批准时间。作业负责人，监督检查指导书的执行情况，对检修的安全、质量负责，在指导书作业负责人一栏内签名。作业日期为现场作业具体的工作时间。编写部门为作业指导书的具体编写部门。

2. 适用范围

对作业指导书的应用范围做出具体的规定。如本作业指导书适用于××kV××线带电更换绝缘子工作。

3. 引用文件

明确编制作业指导书所引用的法规、规程、标准、设备说明书及企业管理规定和文件（按标准格式列出）。

4. 修前准备

（1）准备工作安排。明确准备工作的具体内容、完成准备工作的具体标准、项目的责任人并组织学习作业指导书。

（2）人员要求。规定作业人员的资格，包括作业技能、安全资质和特殊工种资质和作业人员的精神状态。

（3）工器具。包括作业项目使用的所有工器具、仪器仪表的型号、单位和数量等。

（4）材料。包括作业项目使用的所有的装置性材料、消耗性材料等。

（5）危险点分析。危险点分析的内容包括，作业环境、工作中使用的设备、工具、操作方法的失误、作业人员的不安全行为等可能给作业人员带来的危害或设备异常。

（6）安全措施。安全措施的内容包括，根据相关规程标准规定需采取的安全措施以及根据项目危险点分析的内容所采取的安全措施。

（7）作业分工。明确作业项目中作业人员所承担的具体作业任务。

5. 作业程序

（1）开工。开工的内容包括，规定需办理的工作票以及许可手续；规定班前会的内容；相关人员签名确认的内容。

（2）作业内容及标准。针对本作业项目所执行的详细操作步骤，以及每个步骤的作业标准、安全措施及注意事项，相关人员的签名确认等内容。

（3）竣工内容。规定工作结束后的注意事项。如清理工作现场、整理作业工具、办理工作终结手续等。

（4）消缺记录。记录作业过程中所消除的缺陷。

（5）验收总结。记录带电检修结果，对检修质量做出整体评价；记录存在问题及处理意见。

（6）指导书执行情况评估。对指导书的符合性、可操作性进行评价；对不可操作项、修改项、遗漏项、存在问题做出统计；提出改进意见。

6. 附录

可根据需要添加现场情况说明或现场作业示意图等内容。

现场标准化作业指导书范例见附录 A。

三、编制现场标准化作业指导书的注意事项

1. 危险点分析、安全措施的编写

所谓危险点分析，是指有目的地根据过去的经验教训和现在已知的情况，对即将开始的作业中危险点的状况进行估计、分析、判断和推测，有针对性地制订安全防范措施，保证作业安全、顺利地完成。

　　开展危险点分析，首先应做到目的明确。即分析预控活动要紧紧抓住安全生产这一主线围绕作业项目的全过程来展开。要有很强的科学性，分析预控危险点活动，应该在安全科学理论指导下，运用科学的方法进行客观地分析和判断，找出预控危险点的规律性。要有很强的预见性，在进行分析预控时，要综合过去和现在的各种情况，包括过去和现在的经验教训，针对即将开始的作业实践，还没有显露却有可能存在的危险点进行推测，判断作业中存在哪些危险点，每处危险点有可能造成哪些危险等，更重要的是要运用分析预控得出的结论指导作业实践使这些危险点得到有效地控制。

　　输电线路带电作业过程中，危险点分析的具体内容一般包括：作业环境中存在的可能给作业过程带来的危险因素，如高空、带电体的安全威胁以及气象条件、杆塔结构、线路交叉跨越等不利于作业的情况带来的危险因素；工作中使用的设备、工具等可能给作业过程带来的危害或设备异常，如承力工具损坏、绝缘工具失效等；操作方法的失误等可能给作业过程带来的危害或设备异常，如采用的作业方法错误或作业人员违章操作等；作业人员的身体状况不适、思想波动、技术水平能力不足等可能带来的危害或设备异常；其他可能给作业过程带来危害或造成设备异常的不安全因素。进行危险点分析时可从以上几个方面认真进行分析和梳理，并将分析的结果一一列出。

　　编写安全措施时，可根据作业项目相关规程标准规定，结合项目危险点分析的内容编制针对性的安全措施和技术措施，并将其条文一一列出。编写时应注意把握好尺度既要简单实用又要深入具体，既要避免好大求全将所有相关规程、标准全部罗列，造成篇幅过大使操作者难以执行。又要避免高度概括泛泛而谈，写成通用版本。在编写安全措施时还应注意对每一条措施进行细化和量化，如将"安装卡具时应注意与带电体保持足够安全距离"写成"安装卡具时应注意与横担下方 220kV 带电体保持 1.8m 以上的安全距离"显然更为明确具体，总之，安全措施的编写应充分考虑现场需要使其更具可操作性。

　　2. 作业程序的编写

　　作业程序是作业指导书最核心部分，其编写质量的优劣将直接影响到现场作业的成败。作业程序的编写一般是先综合考虑作业现场条件、作业人员和工具配置情况以及危险点分析情况，再根据现场操作规程以及以往作业经验确定操作方案。编写时先按照操作方案的先后顺序分为几个大的作业步骤，并以制表的方式列出，再将每一个作业步骤细分为若干个具体的作业程序，最后把每一个作业程序的操作方法、工艺标准和相应的安全措施详细地写出。

编写作业程序时应注意，作业程序的内容应与现场实际操作吻合，应避免所写非所做，失去指导现场作业的意义；作业程序的内容应符合相关规程标准的规定，采用新的操作方法或作业程序应履行相应的审批程序；作业程序应尽可能做到通俗易懂，避免使用复杂的、冗长的、夸张的语言或难懂的、生僻的词语来编写；作业程序中的操作方法、工艺标准和相应的安全措施的编写应深入细致，明确定性、定量的依据标准，要做到不同技能水平的现场操作人员都能看懂和领会。

四、现场标准化作业指导书（卡）的应用

现场标准化作业对列入生产计划的各类现场作业均必须使用经过批准的现场标准化作业指导书（卡）。各单位在遵循现场标准化作业基本原则的基础上，根据实际情况对现场标准化作业指导书（卡）的使用作出明确规定，并可以采用必要的方便现场作业的措施。

（1）现场标准化作业指导书（卡）在使用前必须进行专题学习和培训，保证作业人员熟练掌握作业程序和各项安全、质量要求。

（2）在现场作业实施过程中，工作负责人对现场标准化作业指导书（卡）按作业程序的正确执行负全面责任。工作负责人应亲自或指定专人按现场执行步骤填写、逐项打勾和签名，不得跳项和漏项，并做好相关记录。有关人员也必须履行签字手续。

（3）依据现场标准化作业指导书（卡）进行工作过程中，如发现与现场实际、相关图纸及有关规定不符等情况时，应由工作负责人根据现场实际情况及时修改现场标准化作业指导书（卡），并经现场标准化作业指导书（卡）审批人同意后，方可继续按现场标准化作业指导书（卡）进行作业。作业结束后，现场标准化作业指导书（卡）审批人应履行补签字手续。

（4）依据现场标准化作业指导书（卡）进行工作过程中，如发现设备存在事先未发现的缺陷和异常，应立即汇报工作负责人，并进行详细分析，制定处理意见，并经现场标准化作业指导书（卡）审批人同意后，方可进行下一项工作。设备缺陷或异常情况及处理结果，应详细记录在场标准化作业指导书（卡）中。作业结束后，现场标准化作业指导书（卡）审批人应履行补签字手续。

（5）作业完成后，工作负责人应对现场标准化作业指导书（卡）的应用情况作出评估，明确修改意见并在作业完工后及时反馈现场标准化作业指导书（卡）编制人。

（6）事故抢修、紧急缺陷处理等突发临时性工作，应尽量使用现场标准化作业指导书（卡）。在条件不允许的情况下，可不使用现场标准化作业指导书（卡），但要按照标准化作业的要求，在工作开始前进行危险点分析并采取相应安全措施。

（7）对大型、复杂、不常进行、危险性较大的作业，应编制风险控制卡、工序质量控制卡和施工方案，并同时使用作业指导书。

五、现场标准化作业指导书（卡）的管理

标准化作业应按分层管理原则对现场标准化作业指导书（卡）明确归口管理部门。公司各单位应明确现场标准化作业指导书（卡）管理的负责人、专责人，负责现场标准化作业作业的严格执行。

（1）现场标准化作业指导书一经批准，不得随意更改。如因现场作业环境发生变化、指导书与实际不符等情况需要更改时，必须立即修订并履行相应的批准手续后才能继续执行。

（2）执行过的标准化作业指导书（卡）应经评估、签字、主管部门审核后存档。

（3）现场标准化作业指导书实施动态管理。应及时进行检查总结、补充完善。作业人员应及时填写使用评估报告，对指导书的针对性、可操作性进行评价，提出改进意见，并结合实际进行修改。工作负责人和归口管理部门应对作业指导书的执行情况进行监督检查，并定期对作业指导书及其执行情况进行评估，将评估结果及时反馈给编写人员，以指导日后的编写。

（4）对于未使用现场标准化作业指导书进行的事故抢修、紧急缺陷处理等突发临时性工作，应在工作完成后，及时补充编写针对性现场标准化作业指导书，用于今后类似工作。

（5）积极探索，采用现代化的管理手段，开发现场标准化作业管理软件，逐步实现现场标准化作业信息网络化。

第五章　生产现场的安全设施

安全设施是指在生产现场经营活动中将危险因素、有害因素控制在安全范围内以预防、减少、消除危害所设置的安全标志、设备标志、安全警示线、安全防护设施等的统称。电力线路生产活动所涉及的场所、设备（设施）、检修施工等特定区域以及其他有必要提醒人们注意安全的场所，应配置使用标准化的安全设施。

安全设施的配置要求：

（1）安全设施应清晰醒目、规范统一、安装可靠、便于维护，适应使用环境要求。

（2）安全设施所用的颜色应符合 GB 2893《安全色》的规定。

（3）电力线路杆塔应标明线路名称、杆（塔）号、色标，并在线路保护区内设置必要的安全警示标志。

（4）电力线路一般应采用单色色标，线路密集地区可采用不同颜色的色标加以区分。

（5）安全设施设置后，不应构成对人身伤害、设备安全的潜在风险或妨碍正常工作。

第一节　安 全 标 志

安全标志是指用以表达特定安全信息的标志，由图形符号、安全色、几何形状（边框）和文字构成。安全标志分禁止标志、警告标志、指令标志、提示标志四大基本类型和消防、道路安全标志等特定类型。

一、一般规定

（1）安全标志一般使用相应的通用图形标志和文字辅助标志的组合标志。

（2）安全标志一般采用标志牌的形式，宜使用衬边，以使安全标志与周围环境之间形成较为强烈的对比。

（3）安全标志牌应设在与安全有关场所的醒目位置，便于走近电力线路或进入电缆隧道的人们看见，并有足够的时间来注意它所表达的内容。环境信息标志宜设在有关场所的入口处和醒目处；局部环境信息应设在所涉及的相应危险地点或设备（部件）的醒目处。

（4）安全标志牌不宜设在可移动的物体上，以免标志牌随母体物体相应移动，影响认读。标志牌前不得放置妨碍认读的障碍物。

（5）多个标志在一起设置时，应按照警告、禁止、指令、提示类型的顺序，先左后右、先上后下地排列，且应避免出现相互矛盾、重复的现象。也可以根据实际，使用多重标志。

（6）安全标志牌的固定方式分附着式、悬挂式和柱式。附着式和悬挂式的固定应稳固不倾斜，柱式的标志牌和支架应连接牢固。临时标志牌应采取防止倾倒、脱落、移位措施。

（7）安全标志牌应设置在明亮的环境中。

（8）安全标志牌设置的高度尽量与人眼的视线高度相一致，悬挂式和柱式的环境信息标志牌的下缘距地面的高度不宜小于 2m，局部信息标志的设置高度应视具体情况确定。

（9）安全标志牌应定期检查，如发现破损、变形、褪色等不符合要求时，应及时修整或更换。修整或更换时，应有临时的标志替换，以避免发生意外伤害。

（10）电缆隧道入口，应根据电压等级等具体情况，在醒目位置按配置规范设置相应的安全标志牌。如"当心触电""当心中毒""未经许可不得入内""禁止烟火""注意通风""必须戴安全帽"等。

（11）电力线路杆塔，应根据电压等级、线路途经区域等具体情况，在醒目位置按配置规范设置相应的安全标志牌。如"禁止攀登高压危险"等。

（12）在人口密集或交通繁忙区域施工，应根据环境设置必要的交通安全标志。

二、禁止标志设置规范

禁止标志是指禁止或制止人们不安全行为的图形标志。常用禁止标志名称、图形标志示例及设置规范见表5-1。

表 5-1　　　　　　　常用禁止标志名称、图形标志示例及设置规范

序号	名称	图形标志示例	设置范围和地点
1	禁止吸烟	禁止吸烟	电缆隧道出入口、电缆井内、检修井内、电缆接续作业的临时围栏等处
2	禁止烟火	禁止烟火	电缆隧道出入口等处
3	禁止跨越	禁止跨越	不允许跨越的深坑（沟）等危险场所安全遮栏等处
4	禁止停留	禁止停留	高处作业现场、吊装作业现场等处
5	未经许可 不得入内	未经许可 不得入内	易造成事故或对人员有伤害的场所，如电缆隧道入口处
6	禁止通行	禁止通行	有危险的作业区域入口处或安全遮栏等处
7	禁止堆放	禁止堆放	消防器材存放处、消防通道等处

续表

序号	名称	图形标志示例	设置范围和地点
8	禁止合闸　线路有人工作		线路断路器和隔离开关把手上
9	禁止攀登　高压危险		线路杆塔下部，距地面约 3m 处
10	禁止开挖　下有电缆		禁止开挖的地下电缆线路保护区内
11	禁止在高压线下钓鱼		跨越鱼塘线路下方的适宜位置
12	禁止取土		线路保护区内杆塔、拉线附近适宜位置
13	禁止在高压线附近放风筝		经常有人放风筝的线路附近适宜位置
14	禁止在保护区内建房		线路下方及保护区内

序号	名称	图形标志示例	设置范围和地点
15	禁止在保护区内植树	禁止在保护区内植树	线路电力设施保护区内植树严重地段
16	禁止在保护区内爆破	禁止在保护区内爆破	线路途经石场、矿区等
17	线路保护警示牌	线路保护区内 禁止植树 举报电话：95598	对应装设易发生外力破坏的线路保护区内

三、警告标志设置规范

警告标志是指提醒人们对周围环境引起注意，以避免可能发生危险的图形标志。常用警告标志、图形标志示例及设置规范见表5-2。

表5-2   常用警告标志、图形标志示例及设置规范

序号	名称	图形标志示例	设置范围和地点
1	注意安全	注意安全	易造成人员伤害的场所及设备处
2	注意通风	注意通风	电缆隧道入口等处
3	当心火灾	当心火灾	易发生火灾的危险场所，如电气检修试验、焊接及有易燃易爆物质的场所

续表

序号	名称	图形标志示例	设置范围和地点
4	当心爆炸	当心爆炸	易发生爆炸危险的场所,如易燃易爆物质的使用或受压容器等地点
5	当心中毒	当心中毒	可能产生有毒物质的电缆隧道等地点
6	当心触电	当心触电	有可能发生触电危险的电气设备和线路
7	当心电缆	当心电缆	暴露的电缆或地面下有电缆处施工的地点
8	当心机械伤人	当心机械伤人	易发生机械卷入、轧压、碾压、剪切等机械伤害的作业地点
9	当心伤手	当心伤手	易造成手部伤害的作业地点,如机械加工工作场所等
10	当心扎脚	当心扎脚	易造成脚部伤害的作业地点,如施工工地及有尖角散料等处
11	当心吊物	当心吊物	有吊装设备作业的场所,如施工工地等处

序号	名称	图形标志示例	设置范围和地点
12	当心坠落	当心坠落	在易发生坠落事故的作业地点，如脚手架、高处平台、地面的深沟（池、槽）等处
13	当心落物	当心落物	易发生落物危险的地点，如高处作业、立体交叉作业的下方等处
14	当心坑洞	当心坑洞	生产现场和通道临时开启或挖掘的孔洞四周的围栏等处
15	当心弧光	当心弧光	易发生由于弧光造成眼部伤害的各种焊接作业场所等处
16	当心车辆	当心车辆	施工区域内车、人混合行走的路段，道路的拐角处、平交路口，车辆出入较多的施工区域出入口处
17	当心滑跌	当心滑跌	地面有易造成伤害的滑跌地点，如地面有油、冰、水等物质及滑坡处
18	止步高压危险	止步 高压危险	带电设备固定遮栏上，高压试验地点安全围栏上，因高压危险禁止通行的过道上，工作地点临近室外带电设备的安全围栏上等处

四、指令标志设置规范

指令标志是指强制人们必须做出某种动作或采用防范措施的图形标志。常用指令标志、图形标志示例及设置规范见表 5-3。

表 5-3　　　　　　　　**常用指令标志、图形标志示例及设置规范**

序号	名称	图形标志示例	设置范围和地点
1	必须戴防护眼镜	必须戴防护眼镜	对眼睛有伤害的作业场所，如机械加工、各种焊接等场所
2	必须戴安全帽	必须戴安全帽	生产现场主要通道入口处，如电缆隧道入口、线路检修现场等可能产生高处落物的场所
3	必须戴防护手套	必须戴防护手套	易伤害手部的作业场所，如具有腐蚀、污染、灼烫、冰冻及触电危险的作业等处
4	必须穿防护鞋	必须穿防护鞋	易伤害脚部的作业场所，如具有腐蚀、灼烫、触电、砸（刺）伤等危险的作业地点
5	必须系安全带	必须系安全带	易发生坠落危险的作业场所，如高处作业现场

五、提示标志设置规范

提示标志是指向人们提供某种信息（如标明安全设施或场所等）的图形标志。常用提示标志、图形标志示例及设置规范见表5-4。

表 5-4　　　　　常用提示标志、图形标志示例及设置规范

序号	名称	图形标志示例	设置范围和地点
1	从此上下	从此上下	工作人员可以上下的铁（构）架、爬梯上
2	从此进出	从此进出	户外工作地点围栏的出入口处
3	在此工作	在此工作	在工作地点处

六、消防安全标志设置规范

消防安全标志是指用以表达与消防有关的安全信息，由安全色、边框、以图像为主要特征的图形符号或文字构成的标志。

在电缆隧道入口处以及储存易燃易爆物品仓库门口处应合理配置灭火器等消防器材，在火灾易发生部位应设置火灾探测和自动报警装置。

各生产场所应有逃生路线的标示，楼梯主要通道门上方或左（右）侧装设紧急撤离提示标志。

常用消防安全标志、图形标志示例及设置规范见表 5-5。

表 5-5　　　　　常用消防安全标志、图形标志示例及设置规范

序号	名称	图形标志示例	设置范围和地点
1	消防手动启动器		依据现场环境，设置在适宜、醒目的位置
2	火警电话		依据现场环境，设置在适宜、醒目的位置

续表

序号	名称	图形标志示例	设置范围和地点
3	消火栓箱	消火栓 火警电话：119 厂内电话：*** A001	生产场所构筑物内的消火栓处
4	地上消火栓	地上消火栓 编号：***	固定在距离消火栓1m的范围内，不得影响消火栓的使用
5	地下消火栓	地下消火栓 编号：***	固定在距离消火栓1m的范围内，不得影响消火栓的使用
6	灭火器	灭火器 编号：***	悬挂在灭火器、灭火器箱的上方或存放灭火器、灭火器箱的通道上，泡沫灭火器器身上应标注"不适用于电火"字样
7	消防水带		指示消防水带、软管卷盘或消火栓箱的位置
8	灭火设备或报警装置的方向		指示灭火设备或报警装置的方向
9	疏散通道方向		指示到紧急出口的方向。用于电缆隧道指向最近出口处

序号	名称	图形标志示例	设置范围和地点
10	紧急出口		便于安全疏散的紧急出口处,与方向箭头结合设在通向紧急出口的通道、楼梯口等处
11	从此跨越		悬挂在横跨桥栏杆上,面向人行横道
12	消防水池	1号消防水池	装设在消防水池附近醒目位置,并应编号
13	消防沙池(箱)	1号消防沙池	装设在消防沙池(箱)附近醒目位置,并应编号

七、道路标志设置规范

根据 Q/GDW 1799.2《国家电网公司电力安全工作规程 线路部分》规定,对于电力线路跨越道路或占道施工以及道路开挖施工作业,必须在不同部位设置道路警示标志牌和警示标志。具体规定如下:

(1)在居民区及交通道路附近开挖的基坑,应设坑盖或可靠遮栏,加挂警告标示牌,夜间挂红灯。

(2)立、撤杆应设专人统一指挥。开工前,应交待施工方法、指挥信号和安全组织、技术措施,作业人员应明确分工、密切配合、服从指挥。在居民区和交通道路附近立、撤杆时,应具备相应的交通组织方案,并设警戒范围或警告标志,必要时派专人看守。

(3)交叉跨越各种线路、铁路、公路、河流等放、撤线时,应先取得主管部门同意,做好安全措施,如搭好可靠的跨越架、封航、封路、在路口设专人持信号旗看守等。

(4)各类交通道口的跨越架的拉线和路面上部封顶部分,应悬挂醒目的警告标示牌。

（5）在进行高处作业时，除有关人员外，不准他人在工作地点的下面通行或逗留，工作地点下面应有围栏或装设其他保护装置，防止落物伤人。如在格栅式的平台上工作，为了防止工具和器材掉落，应采取有效隔离措施，如铺设木板等。

（6）高处作业区周围的孔洞、沟道等应设盖板、安全网或围栏并有固定其位置的措施。同时，应设置安全标志，夜间还应设红灯示警。

（7）在市区或人口稠密的地区进行带电作业时，工作现场应设置围栏，派专人监护，禁止非工作人员入内。

（8）在带电设备区域内使用汽车吊、斗臂车时，车身应使用不小于 $16mm^2$ 的软铜线可靠接地。在道路上施工应设围栏，并设置适当的警示标志牌。

（9）掘路施工应具备相应的交通组织方案，做好防止交通事故的安全措施。施工区域应用标准路栏等严格分隔，并有明显标记，夜间施工应佩戴反光标志，施工地点应加挂警示灯，以防行人或车辆等误入。

《中华人民共和国道路交通安全法》中关于设置道路警示标志牌和警示标志的相关规定如下：

（1）因工程建设需要占用、挖掘道路，或者跨越、穿越道路架设、增设管线设施，应当事先征得道路专管部门的同意；影响交通安全的，还应当征得公安机关交通管理部门的统一。

施工作业单位应当经批准的路段和时间内施工作业，并在距离施工作业地点来车方向安全距离处设置明显的安全警示标志，采取防护措施；施工作业完毕，应当迅速清除道路上的障碍物，消除安全隐患，经道路主管部门和公安机关交通管理部门验收合格，符合通行要求后，方可恢复通行。

对未中断交通的施工作业道路，公安机关交通管理部门应当加强交通安全监督检查，维护道路交通秩序。

（2）电力企业施工、检修单位在跨越道路和在道路上占道施工，为防止后来的车辆及时发现避免发生碰撞事故，必须在施工地段的两侧足够安全的距离内设置警示牌，如图5-1所示。

设置道路警示牌具体要求如下：

（1）在高速公路上警示牌应当设置在来车方向150m以外。如遇下雨天或拐弯处，则应当在200m以外设置警示牌，方能让后方车辆及早发现和慢速通行。

（2）在城市路面和普通公路上，警示牌应当设置在来车方向50m以外。

图 5-1　电力施工道路警示牌

● 第二节　设 备 标 志

设备标志是指用以标明设备名称、编号等特定信息的标志，由文字和（或）图形构成。

一、一般规定

（1）电力线路应配置醒目的标志。配置标志后，不应构成对人身伤害的潜在风险。

（2）设备标志由设备编号和设备名称组成。

（3）设备标志应定义清晰，能够准确反映设备的功能、用途和属性。

（4）同一单位每台设备标志的内容应是唯一的，禁止出现两个或多个内容完全相同的设备标志。

（5）配电变压器、箱式变压器、环网柜、柱上断路器等配电装置，应设置按规定命名的设备标志。

二、架空线路标志设置规范

（1）线路每基杆塔均应配置标志牌或涂刷标志，标明线路的名称、电压等级和杆塔号。新建线路杆塔号应与杆塔数量一致。若线路改建，改建线路段的杆塔号可采用"$n+1$"或"$n-1$"（n 为改建前的杆塔编号）形式。

（2）耐张型杆塔、分支杆塔和换位杆塔前后各一基杆塔上，应有明显的相位标志。相位标志牌基本形式为圆形，标准颜色为黄色、绿色、红色。

（3）在杆塔适当位置宜喷涂线路名称和杆塔号，以在标志牌丢失情况下仍能正确辨识杆塔。

（4）杆塔标志牌的基本形式一般为矩形，白底，红色黑体字，安装在杆塔的小号侧；特殊地形的杆塔，标志牌可悬挂在其他的醒目方位上。

（5）同杆塔架设的双（多）回线路应在横担上设置鲜明的异色标志加以区分。各回路标志牌底色应与本回路色标一致，白色黑体字（黄底时为黑色黑体字）。色标颜色按照红黄绿蓝白紫排列使用。

（6）同杆架设的双（多）回路标志牌应在每回路对应的小号侧安装，特殊情况可在回路对应的杆塔两侧面安装。

（7）110kV 及以上电压等级线路悬挂高度距地面 5～12m，涂刷高度距地面 3m；110kV 及以下电压等级线路悬挂高度距地面 3～5m，涂刷高度距地面 3m。

三、电缆线路标志设置规范

（1）电缆线路均应配置标志牌，标明线路的名称、电压等级、型号、长度、起止变电站名称。

（2）电缆标志牌的基本形式是矩形，白底，红色黑体字。

（3）电缆两端及隧道内应悬挂标志牌。隧道内标志牌间距约为 100m，电缆转角处也应悬挂。与架空线路相连的电缆，其标志牌固定于连接处附近的本电缆上。

（4）电缆接头盒应悬挂标明电缆编号、始点、终点及接头盒编号的标志牌。

（5）电缆为单相时，应注明相位标志。

（6）电缆应设置路径、宽度标志牌（桩）。城区直埋电缆可采用地砖等形式，以满足城市道路交通安全要求。

设备标志名称、图形标志示例及设置规范见表 5-6。

表 5-6　　　　　　　　　**设备标志名称、图形标志示例及设置规范**

序号	名称	图形标志示例	设置范围和地点
1	单回路杆号标志牌	500kV姚郑线 001号	安装在杆塔的小号侧。特殊地形的杆塔，标志牌可悬挂在其他的醒目方位上
2	双回路杆号标志牌	500kV××Ⅰ线 001号 500kV××Ⅱ线 001号	安装在杆塔的小号侧的杆塔水平材上。标志牌底色应与本回路色标一致，字体为白色黑体字（黄底时为黑色黑体字）
3	多回路杆号标志牌	500kV××Ⅰ线 001号 500kV××Ⅱ线 001号	安装在杆塔的小号侧的杆塔水平材上，标志牌底色应与本回路色标一致，字体为白色黑体字（黄底时为黑色黑体字）。色标颜色按照红黄绿蓝白紫排列使用

序号	名称	图形标志示例	设置范围和地点
4	涂刷式杆号标志	500 kV 马嵩Ⅱ线	涂刷在铁塔主材上，涂刷宽度为主材宽度，长度为宽度的4倍。双（多）回路塔号应以鲜明的异色标志加以区分。各回路标志底色应与本回路色标一致，白色黑体字（黄底时为黑色黑体字）
5	双（多）回路杆塔标志		标志牌装设（涂刷）在杆塔横担上，以鲜明异色区分
6	相位标志牌	A B C	装设在终端塔、耐张塔换位塔及其前后直线塔的横担上。电缆为单相时，应注明相别标志
7	涂刷式相位标志		涂刷在杆号标志的上方，涂刷宽度为铁塔主材宽度，长度为宽度的3倍
8	配电变压器、箱式变压器标志牌		装设于配电变压器横梁上适当位置或箱式变压器的醒目位置。基本形式是矩形、白底、红色黑体字
9	环网柜、电缆分接箱标志牌	10kV金凤线 001号环网柜	装设于环网柜或电缆分接箱醒目处。基本形式是矩形、白底、红色黑体字
10	分段断路器标志牌		装设于分支线杆上的适当位置。基本形式是矩形、白底、红色黑体字
11	电缆标志牌	110kV ××线 自：××变电站 至：××变电站 型号：YJLW02	电缆线路均应配置标志牌，标明电缆线路的称、电压等级、型号参数、长度和起止变电站名。基本形式是矩形，白底、红色黑体字
12	电缆接头盒标志牌	220kV ××线 自：××变电站 至：××变电站	电缆接头盒应悬挂标明电缆编号、始点、终点及接头盒编号的标志牌
13	电缆接地盒标志牌	220kV ××线 自：××变电站 至：××变电站 长度：××m	电缆接地盒应悬挂标明电缆编号、始点、起点至接头盒长度及接头盒编号的标志牌

第三节　安全防护设施

安全防护设施是指防止外因引发的人身伤害、设备损坏而配置的防护装置和用具。

一、一般规定

（1）安全防护设施用于防止外因引发的人身伤害，包括安全帽、安全带、临时遮栏（围栏）、孔洞盖板、爬梯遮栏门、安全工器具试验合格证标志牌、接地线标志牌及接地线存放地点标志牌、杆塔拉线、接地引下线、电缆防护套管及警示线、杆塔防撞警示线等装置和用具。

（2）工作人员进入生产现场，应根据作业环境中所存在的危险因素，穿戴或使用必要的防护用品。

（3）所有升降口、大小坑洞、楼梯和平台，应装设不低于 1050mm 高的栏杆和不低于 100mm 高的护板。如在检修期间需将栏杆拆除时，应装设临时遮栏，并在检修工作结束后将栏杆立即恢复。

二、安全防护设施及配置规范

安全防护设施名称、图形标志示例及配置规范见表 5-7。

表 5-7　　　　　　　安全防护设施名称、图形标志示例及配置规范

序号	名称	图形标志示例	设置范围和地点
1	安全帽	安全帽背面	（1）安全帽用于作业人员头部防护。任何人进入生产现场，应正确佩戴安全帽； （2）安全帽前面有国家电网公司标志，后面为单位名称及编号，并按编号定置存放； （3）安全帽实行分色管理。红色安全帽为管理人员使用，黄色安全帽为运维人员使用，蓝色安全帽为检修（施工、试验等）人员使用，白色安全帽为外来参观人员使用
2	安全带		（1）安全带用于防止高处作业人员发生坠落或发生坠落后将作业人员安全悬挂； （2）在没有脚手架或者在没有栏杆的脚手架上工作，高度超过 1.5m 时，应使用安全带； （3）安全带应标注使用班站名称、编号，并按编号定置存放； （4）安全带存放时应避免接触高温、明火、酸类以及有锐角的紧硬物体和化学药物
3	安全工器具试验合格证标志牌	安全工器具试验合格证 名称_____编号_____ 试验日期_____年___月___日 下次试验日期_____年___月___日	（1）安全工器具试验合格证标志牌贴在经试验合格的安全工器具的醒目位置； （2）安全工器具试验合格证标志牌可采用粘贴力强的不干胶制作，规格为 60mm×40mm

序号	名称	图形标志示例	设置范围和地点
4	接地线标志牌及接地线存放地点标志牌	01 号接地线 编号: 01 电压: 110kV	（1）接地线标志牌固定在地线接地端线夹上； （2）接地线标志牌应采用不锈钢板或其他金属材料制成，厚度1.0mm； （3）地线标志牌尺寸为 D=30～50mm，D_1=2.0～3.0mm； （4）接地线存放地点标志牌应固定在接地线存放醒目位置
5	临时遮栏（围栏）	带电侧 检修侧	（1）临时遮栏（围栏）适用于下列场所： 1）有可能高处落物的场所； 2）检修、试验工作现场与运行设备的隔离； 3）检修、试验工作现场规范工作人员活动范围； 4）检修现场安全通道； 5）检修现场临时起吊场地； 6）防止其他人员靠近的高压试验场所； 7）安全通道或沿平台等边缘部位，因检修卸下拆除常设栏杆的场所； 8）事故现场保护； 9）需临时打开的平台、地沟、孔洞盖板周围等。 （2）临时遮栏（围栏）应采用满足安全、防护要求的材料制作。有绝缘要求的临时遮栏应采用干燥木材、橡胶或其他坚韧绝缘材料制成。 （3）临时遮栏（围栏）高度应为1050～1200mm，防坠落遮栏应在下部装设不低180mm高的挡脚板。 （4）临时遮栏（围栏）强度和间隙应满足防护要求，装设应牢固可靠。 （5）临时遮栏（围栏）应悬挂安全标志，位置根据实际情况而定
6	孔洞盖板	覆盖式 镶嵌式	（1）适用于生产现场需打开的孔洞； （2）孔洞盖板均应为防滑板，且应覆以与地面齐平的坚固的有限位的盖板。盖板边缘应大于孔洞边缘100mm，限位块与孔洞边缘距离不得大于25～30mm，网络板孔眼不应大于50mm×50mm； （3）在检修工作中如需将孔洞盖板取下，应设临时围栏。临时打开的孔洞，施工结束后应立即恢复原状；夜间不能恢复的，应加装警示红灯； （4）孔洞盖板可制成与现场孔洞互相配合的矩形、正方形、圆形等形状，选用镶嵌式、覆盖式，并在其表面涂刷45°黄黑相间的等宽条纹，宽度宜50～100mm； （5）孔洞盖板拉手可做成活动式，或在盖板两侧设直径约8mm小孔，便于钩起

续表

序号	名称	图形标志示例	设置范围和地点
7	杆塔拉线、接地引下线、电缆防护套管及警示标识		（1）在线路杆塔拉线、接地引下线、电缆的下部，应装设防护套管，也可采用反光材料制作的防撞警示标识； （2）防护套管及警示标识，长度不小于1.8m，黄黑相间，间距宜为200mm
8	杆塔防撞警示线		（1）在道路中央和马路沿外1m内的杆塔下部，应涂刷防撞警示线； （2）防撞警示线采用道路标线涂料涂刷，带荧光，其高度不小于1200mm，黄黑相间，间距200mm
9	防毒面具和正压式消防空气呼吸器	过滤式防毒面具 正压式消防空气呼吸器	（1）电缆隧道应按规定配备防毒面具和正压式消防空气呼吸器； （2）过滤式防毒面具是在有氧环境中使用的呼吸器； （3）过滤式防毒面具应符合相关的规定。使用时，空气中氧气浓度不低于18%，温度为-30～+45℃，且不能用于槽、罐等密闭容器环境； （4）过滤式防毒面具的过滤剂有一定的使用时间，一般为30～100min。过滤剂失去过滤作用（面具内有特殊气味）时，应及时更换； （5）过滤式防毒面具应存放在干燥、通风，无酸、碱、溶剂等物质的库房内，严禁重压。防毒面具的滤毒罐（盒）的储存期为5年（3年），过期产品应经检验合格后方可使用； （6）正压式消防空气呼吸器是用于无氧环境中的呼吸器； （7）正压式消防空气呼吸器应符合相关的规定； （8）正压式消防空气呼吸器在贮存时应装入包装箱内，避免长时间曝晒，不能与油、酸、碱或其他有害物质共同储存，严禁重压

第六章　典型违章举例与案例分析

第一节　违 章 举 例

一、管理性违章

（1）安全第一责任人不按规定主管安全监督机构。

（2）安全第一责任人不按规定主持召开安全分析会。

（3）未明确和落实各级人员安全生产岗位职责。

（4）未按规定设置安全监督机构和配置安全员。

（5）未按规定落实安全生产措施、计划、资金。

（6）未按规定配置现场安全防护装置、安全工器具和个人防护用品。

（7）设备变更后相应的规程、制度、资料未及时更新。

（8）现场规程没有每年进行一次复查、修订，并书面通知有关人员。

（9）新入厂的生产人员，未组织三级安全教育或员工未按规定组织《安规》考试，现场招用的临时民工未实施"零星外来人员安全教育"。

（10）没有每年公布工作票签发人、工作负责人、工作许可人、有权单独巡视高压设备人员名单。

（11）对排查出的事故隐患未制订整改计划或未落实整改治理措施。

（12）设计、采购、施工、验收未执行有关规定，造成设备装置性缺陷。

（13）按规定应进行现场勘察而未经现场勘察进行工作。

（14）大型施工或危险性较大作业期间管理人员未到岗到位。

（15）临时劳务协作工无资质从事有危险性的高空作业。

（16）指派未具备岗位资质的人员担任工作票中的签发人、工作负责人和许可人。

（17）特种作业人员上岗前未经过规定的专业培训，无证人员从事特殊工种作业，无证驾驶机动车辆。

（18）对违章不制止、不考核。

（19）违章指挥或干预值班调控、运维人员操作。

（20）本单位原因造成设备经评价应检修而未按期检修、缺陷消除超过规定时限、工器具试验超周期。

（21）设备缺陷管理流程未闭环。

（22）对事故未按照"四不放过"原则进行调查处理。

（23）安排或默许无票作业、无票操作。

（24）未取得带电作业资格人员从事带电作业工作。

二、行为性违章

1. 通用部分

（1）用抛掷的方式进行向上或向下传递物件。

（2）工具或材料浮搁在高处。

（3）不按规定使用电动工具。

（4）带电作业中用酒精、汽油等易燃品擦拭带电体及绝缘部分。

（5）漏挂（拆）、错挂（拆）警告标示牌。

（6）作业结束未做到工完料尽场地清，以及作业结束未及时封堵孔洞、盖好沟道盖板。

（7）装设接地线的导电部分或接地部分未清除油漆。

（8）需断开引线的工作，仅在断引线一侧接地。

（9）工作班成员擅离工作现场。

（10）酒后开车、酒后从事电气检修施工作业或其他特种作业。

（11）发生违章被指出后仍不改正。

（12）在无安全技术措施，或未进行安全技术交底情况下，进行下列工作的：

1）难度较大的或首次进行的带电作业；

2）重要或首次进行的电气试验；

3）主变压器吊运、装卸；

4）线路工作中的铁塔倒装组立、起重机组塔、高度超过 15m 的越线架搭设、紧线、临近高压电力线作业。

（13）违章构成责任性二类障碍的；违章构成责任性一类障碍的。

（14）不符合天气条件进行带电作业。

（15）专责监护人进行直接操作，或者监护的范围超过一个作业点。

（16）应停用重合闸或直流再启动保护的带电作业工作未停用重合闸或直流再启动保护。

（17）地电位作业人员人身与带电体的安全距离不符合规定。

（18）绝缘操作杆、绝缘承力工具和绝缘绳索的有效绝缘长度不符合规定。

（19）带电作业使用非绝缘绳索。

（20）带电更换绝缘子或在绝缘子串上的作业，最少良好绝缘子片数不符合规定。

（21）等电位作业人员全套屏蔽服未连接或连接不可靠。屏蔽服内未穿阻燃内衣。

（22）等电位作业人员与接地体的最小安全距离不符合规定、等电位作业人员与邻相导线的最小安全距离不符合规定。

（23）等电位作业人员在进入电场过程中组合间隙不符合规定。

（24）等电位作业人员在未得到工作负责人许可即进行电位转移。

（25）等电位作业人员与地电位作业人员采用非绝缘工具或绳索传递工具或材料。

（26）在导、地线上挂梯作业，导、地线的截面积不符合规定；未按规定进行验算。

（27）在瓷横担线路上进行挂梯作业。

（28）不按规定带电断、接引线或短接设备。

（29）高架绝缘斗臂车操作人员未持证上岗。

（30）带电作业人员未使用或未正确使用防护用具和安全工器具。

（31）将不合格的带电作业工器具带至作业现场使用。

（32）带电作业工具使用前，未按规定进行检查和绝缘检测。

（33）带电作业工具以小代大使用。

2. 工作票执行

（1）工作票（包括变电、线路、配电、动火工作票，施工作业票）未带到工作现场。

（2）工作票所填安全措施不全、不准确，与现场实际不符，或与现场勘察记录不符。

（3）工作延期未办理工作票（施工作业票）延期手续或工作结束未及时办理工作票终结手续。

（4）在未办理工作票终结手续前或在不交回工作票的工作间断期间，工作负责人收执另一份工作票工作。

（5）作业时未按工作票执行流程执行。

（6）工作前未进行"三交三查"。

（7）工作票上工作班成员或人数与实际不符。

（8）应设专责监护（看护）的作业或地点而未设的，专责监护（看护）不到位。

（9）已工作终结或已拆除现场接地线后，又进入该施工（检修）区域或再攀登杆塔。

（10）还未许可工作，即擅自进入检修设备区或攀登线路杆塔。

（11）工作负责人擅离工作现场且未指定其他监护人。

（12）既无工作票又无口头或电话命令，擅自在电气设备（含高压线路）上工作。

（13）未经许可将实际工作内容超出工作票所填项目。

（14）未按工作票的要求实施安全措施或擅自变更工作票（施工作业票）上要求的安全措施。

（15）未得到许可即开始工作。

3．线路运行、检修及施工

（1）市区停电作业或带电作业现场未设置安全围栏，可使行人窜入高空作业区。

（2）在拉线上进行上下杆塔或攀登无爬梯的架构。

（3）线路作业现场勘察不到位。

（4）导地线升空时，用人体压线或者跨越即将离地的导地线。

（5）在跨越电力线、铁路、公路或通航河流等的线段杆塔上安装附件时，无防止导线、地线坠落的措施。

（6）事先未检查拉线、拉锚桩、未加设或加固临时拉绳即盲目放线和撤线。

（7）在不停电的越线架内侧攀登或从不停电的封顶架上通过。

（8）变电站室外构架上或多回线路架设的杆塔上进行部分停电工作时，发生以下现象：

1）风力达到5级以上；

2）人员进入带电侧架构或横担；

3）在架构上卷绕绑线或放开绑线；

4）上下传递使用带金属丝的绳索。

（9）在无监护人监护情况下，移开、越过设备遮栏或攀登线路。

（10）工作人员位于受力钢丝绳的内角侧或人体跨越受力钢丝绳。

（11）在无通信联络、未统一旗语信号的情况下进行放线、撤线。

（12）雷雨天气，在室外线路设备上，室内的架空引入线上进行检修和试验或进行线路绝缘的测量工作。

（13）在高压线路、变电设备区用钢卷尺、皮卷尺和线尺进行测量工作，并且有可能触及带电设备的。

（14）带电作业（包括跨越带电线路的施工作业）中约时停用、恢复重合闸。

（15）对可能接近邻近带电线路设备至危险距离的工作，未对工作的导地线、绞车等牵引工具接地。

（16）调换临时拉线采用安装一根永久拉线、拆除一根临时拉线的作业法。

（17）攀登钢管杆塔未使用防坠器。

（18）采用突然剪断导、地线的做法松线。

（19）用手直接去取倒在高压带电导线上的树枝。

（20）杆塔上有人时，调整拆换拉线或临时拉线。

4. 起重作业

（1）在起重臂或吊件下人员滞留或行走。

（2）工作人员站在起吊物上升降。

（3）采用起重臂顶撞或起重臂旋转的方法校正设备。

（4）用抱杆起吊时，总牵引地锚、制动系统中心、抱杆顶部及杆塔中心，四点出现较大叉位。

（5）人力绞磨、机动绞磨的卷筒与牵引绳斜偏不垂直或人力绞磨架上固定磨轴的活动挡板装在受力一侧，磨筒上的钢丝绳缠绕不足 5 圈。

（6）链条葫芦在操作中增人强拉、超荷使用；操作人员站在葫芦正下方。

5. 消防及动火作业

（1）对未经处理的易燃物容器进行焊接切割。

（2）气瓶直接在烈日下曝晒，乙炔气瓶卧放使用，乙炔瓶与氧气瓶混放一起。

（3）放置氧气瓶或乙炔瓶周围 10m 内有明火或易燃易爆物品。

（4）易燃、易爆物品、化学危险品存放、保管不符合规定。

（5）在禁火区域擅自进行动火作业。

6. 劳动防护用品及安全工器具

（1）作业中使用不合格的工器具、使用不合格的梯子。

（2）施工、检修作业现场不戴安全帽或不系帽带。

（3）施工、检修工作中，穿背心、短裤，女同志穿高跟鞋、裙子、长发未盘起。

（4）未使用合格的、电压等级相符的验电器进行验电操作，包括未在有电设备上验证验电器完好。

（5）不按规定佩戴防尘、防毒用具。

（6）变电站高压验电或线路验电未戴绝缘手套。

三、装置性违章

（1）起重设备无荷载标志。

（2）液压千斤顶的安全栓损坏、螺旋千斤顶的螺纹或齿条磨损；超载使用；在带负荷情况下突然下降。

（3）链条葫芦的吊钩、链轮或倒卡变形，以及链条磨损；刹车片沾染油脂。

（4）圆木抱杆木质腐朽、损伤严重或弯曲过大；金属抱杆整体弯曲或局部弯曲严重、磕瘪变形、表面严重腐蚀、裂纹或脱焊；抱杆脱帽环表面有裂纹或螺纹变形。

（5）使用的安全防护用品、用具无生产厂家、许可证编号、生产日期及国家鉴定合格证书。

（6）安全帽帽壳破损、缺少帽衬（帽箍、顶衬、后箍），缺少下颚带等。

（7）脚扣表面有裂纹、防滑衬层破裂，脚套带不完整或有伤痕等。

（8）电缆孔、洞、电缆入口处未用防火堵料封堵或工作班工作结束后未恢复原状。

（9）高低压线路对地、对建筑物等安全距离不够。

（10）电力设备拆除后，仍留有带电部分未处理。

（11）易燃易爆区、重点防火区内的防火设施不全或不符合规定要求。

（12）电气设备无安全警示标志或未根据有关规程设置固定遮（围）栏。

（13）线路杆塔无线路名称和杆号，或名称和杆号不唯一、不正确。

（14）线路接地电阻不合格或架空地线未对地导通。

（15）在绝缘配电线路上未按规定设置验电接地环。

（16）机械设备转动部分无防护罩。

（17）电气设备外壳无接地。

（18）起重机械，如绞磨、汽车吊、卷扬机等无制动和逆止装置，或制动装置失灵、不灵敏。

（19）安全带（绳）断股、霉变、损伤或铁环有裂纹、挂钩变形、缝线脱开等。

（20）卡线器有裂纹、弯曲或钳口斜纹磨平或使用的卡线器的规格与线材不匹配。

（21）高压配电装置带电部分对地距离不能满足规程规定且未采取措施。

（22）设备一次接线与技术协议和设计图纸不一致。

（23）平行或同杆架设多回路线路无色标。

（24）带电作业工器具未按规定进行定期试验。

第二节　事故案例分析

【案例一】××供电公司"2.7"触电坠落人身死亡事故

1. 事故经过

×年 2 月 7 日，××供电公司送电专业室带电班在等电位带电作业处理 330kV××二回线路缺陷过程中，发生触电高空坠落人身死亡事故，造成 1 人死亡。

当日，××供电公司送电专业室安排带电班带电处理 330kV 3033××二回线路#180 塔中相小号侧导线防震锤掉落缺陷（该缺陷于 2 月 6 日发现），办理了电力线路带电作业工作票，工作票签发人王××，工作班人员有李××（死者，工作负责人，男，28 岁，工龄 9 年，带电班副班长）、专责监护人刘××等共 6 人，作业方法为等电位作业。14 时 38 分，工作负责人向地调调控人员提出工作申请，14 时 42 分，××地调调控人员向省调调控人员申请并得以同意。14 时 44 分，地调调控人员通知带电班可以开工。16 时 10 分左右，工作人员乘车到达作业现场，工作负责人李××现场宣读工作票及危险点预控分析，并进行了现场分工，工作负责人李××攀登软梯作业，王××登塔悬挂绝缘绳和绝缘软梯，刘××为专责监护人，地面帮扶软梯人员为王×、刘×，其余 1 名为配合人员。绝缘绳及软梯挂好，检查牢固可靠后，工作负责人李××开始攀登软梯，16 时 40 分左右，李××登到与梯头（铝合金）0.5m 左右时，导线上悬挂梯头通过人体所穿屏蔽服对塔身放电，导致其从距地面26m 左右跌落到铁塔平口处（距地面 23m）后坠落地面（此时工作人员还未系安全带），侧身着地，地面人员观察李××还有微弱脉搏。现场人员立即对其进行现场急救，并拨打电话向当地 120 和单位领导求救。由于担心 120 救护车无法找到工作地点,现场人员将李××抬到车上,一边向医院方向行驶,一边在车上实施救护。17 时 12 分左右,与 120 救护车在公路上相遇,由医护人员继续抢救,17 时 50 分左右,救护车行驶至医院门口时,李××心跳停止,医护人员宣布死亡。

2. 违章分析

本次作业的 330kV××线铁塔为 ZMT1 型,由 ZM1 型改进,中相挂线点到平口的距离由原来的 10.32m 压缩到 8.1m;档窗的 K 接点距离由 9.2m 增加到 9.28m;两边相的距离由 17m 压缩到 13m。但由于此次作业忽视改进塔型的尺寸变化,事前未按规定进行组合间隙验算。作业人员沿绝缘软梯进入强电场作业,绝缘软梯挂点选择不当,造成安全距离不能满足《安规》等电位作业最小组合间隙及《××省电力系统带电作业现场安全工作规程》的规定(经海拔修正后此地区应为 3.4m),此次作业在该铁塔无作业人员时的最小间隙距离约为 2.5m,作业人员进入后组合间隙仅余 0.6m,是导致事故发生的主要原因。

3. 防止对策

(1)严格作业指导书的制定、执行,作业指导书应对作业中涉及的各种安全距离进行校核。

(2)等电位作业应校验组合间隙是否满足要求。

(3)高处作业转位时不得失去安全带的保护。

(4)加强带电作业安全管理。

【案例二】××供电公司在带电检测 110kV××线零值绝缘子过程中,作业人员从杆塔上坠落导致重伤

1. 事故经过

6 月 2 日,××供电公司输电线路部检安三队在带电检测××线零值绝缘子过程中,奚××、余××2 人负责 50~59 号杆绝缘子的测试。上午 9 时 55 分左右,两人准备测试 58 号杆,余××地面监护,奚××登杆作业。奚越翻横担时,解开了安全带,脚扣放到横担下方,翻越到横担上后,站立系安全带过程中失去控制坠落地面,导致重伤。

2. 违章分析

(1)作业人员奚××未认真执行安全带相关操作规定,个人失误导致了坠落事故的发生。

(2)监护人余××未严格履行监护职责,未及时对杆上作业人员提醒安全注意事项。

（3）检安三队队长汤×和现场工作负责人涂××在此次作业前对工作相关安全注意事项强调不够。

（4）输电线路部对职工的安全教育培训效果不佳。

3. 防止对策

（1）按照高空作业人员的上岗资格要求，对现有高空作业人员考核清理。

（2）制定登高作业操作指导书。

（3）加强作业过程的监护。

（4）严格执行"三防十要"反事故措施。

【案例三】××供电公司在带电更换 220kV××线路 25 号耐张干字塔内角大号侧整串绝缘子过程中，作业人员触电死亡事故

1. 事故经过

×年 5 月，××供电公司线路专业室带电班长陈×（技师）等 7 人，在 220kV××线路#25 耐张干字塔带电更换内角大号侧整串绝缘子，工作负责人陈×派赵××（高级工）带绝缘绳上塔进行地电位操作，钱×登软梯进行等电位工作，自己在地面监护。更换完成，赵××急于下塔，在横担上转移过程中，忘记上方带电的引流线，由于动作过大，引流对赵××放电，赵××手臂、颈部等处严重烧伤，抢救无效死亡。

2. 违章分析

赵××工作过程中思想不集中，作业转位时没注意与带电体应保持的安全距离（220kV 应与带电体保持 1.8m），因动作过大导致安全距离不足而放电。

3. 防止对策

（1）复杂作业应设塔上监护人。

（2）220kV 带电作业应与带电导线保持 1.8m 的安全距离。

（3）地面监护人履行监护职责不到位。

（4）工作班成员监督现场安全措施的实施。

第七章　安全技术劳动保护措施和反事故措施

第一节　安全技术劳动保护措施

一、防人身触电事故

（1）线路检修人员应严格执行《安规》关于同杆塔架设多回线路以及相互平行或交叉线路中防止误登有电线路的相关措施，并严禁在有同杆架设的 10kV 及以下线路带电情况下，进行另一回线路的登杆停电检修工作。

（2）线路运行人员事故巡线时，应始终认为线路带电。即使明知该线路已停电，亦应认为线路随时有恢复送电的可能，严禁登杆塔作业。

（3）使用绝缘绳索传递大件金属物品（包括工具、材料等）时，杆塔或地面上作业人员应将金属物品接地后再接触，以防电击。

（4）在带电杆塔上刷油漆、除鸟窝、除风筝、紧杆塔螺丝、检查架空地线、金具、绝缘子等工作，作业人员活动范围及其所携带的工具、材料等与带电导线最小距离应保证不小于设备不停电时的安全距离。不得通过限制作业人员肢体活动的方式来满足安全距离。

（5）带电作业断、接引线时严禁同时接触未接通的或已断开的导线两个断头，以防人体串入电路。

（6）带电作业断开耦合电容器后，应立即对地放电。

（7）带电作业短接阻波器，被短接前严防等电位作业人员人体短接阻波器。

（8）在330kV 及以上电压等级的带电线路杆塔上及变电站构架上作业，应采取穿静电感应防护服、导电鞋等防静电感应措施（220kV 线路杆塔上作业时宜穿导电鞋）。防止静电感应造成人体触电。

（9）采用高架绝缘斗臂车进行带电作业，先检查绝缘臂为合格状态。严禁一个斗内两名作业人员同时接触电源作业，防止作业人员触电。

二、防止高处坠落事故

（1）经医生诊断，患有高血压、心脏病、贫血病、癫痫病、糖尿病以及患有其他不宜从事高处作业和登高架设作业病症的人，不允许参加高处作业。

（2）发现现场工作人员有饮酒手、精神不振、精力不集中等状况时，禁止登高作业。

（3）高处作业应使用安全带（绳），安全带（绳）使用前应进行检查，并定期进行试验。高处作业人员应衣着灵便，宜穿软鞋。

（4）能在地面进行的工作，不在高处作业；高处作业能在地面上预先做好的工作，必须在地面上进行，尽量减少高处作业以缩短高处作业时间。

（5）安全带（绳）应挂在牢固的构件上或专为挂安全带用钢丝绳上，安全带不得低挂高用，禁止系挂在移动或不牢固的物件上。

（6）凡坠落高度在2.0m及以上的工作平台、人行通道（部位），在坠落面侧应设置固定式防护栏杆。

（7）在没有脚手架或者在没有栏杆的脚手架上工作，或坠落相对高度超过1.5m时，必须使用安全带，或采取其他可靠的安全防护措施。

（8）在未做好安全措施的情况下，不准登在不坚固的结构上（如彩钢板屋顶）进行工作。

（9）楼梯、钢梯、平台均应采取防滑措施。直钢梯高度超过3m时，应装设护笼，以防上、下梯子时坠落。

（10）砍剪树木时，不应攀抓脆弱和枯死的树枝，并使用安全带。安全带不得系在待砍剪树枝的断口附近或以上。不得攀登已经锯过或砍过的未断树木。

（11）使用绝缘斗臂车作业，必须先检查绝缘臂为合格状态，在绝缘斗中的作业人员应正确使用安全带和绝缘工具。不得用汽车吊（斗臂车）悬挂吊篮上人作业。不得用斗臂起吊重物。在斗臂上工作应使用安全带。

（12）上杆塔作业前，应先检查根部、基础和拉线是否牢固。新立电杆在杆基未完全牢固或做好临时拉线前，严禁攀登。遇有冲刷、起土、上拔或导地线、拉线松动的电杆，应先培土加固，打好临时拉线或支好杆架后，再行登杆。

（13）登杆塔前，应先检查登高工具、设施，如脚扣、升降板、安全带、梯子和脚钉、爬梯、防坠装置等是否完整牢靠。禁止携带器材登杆或在杆塔上移位。严禁利用绳索、拉线上下杆塔或顺杆下滑。

（14）上横担进行工作前，应检查横担连接是否牢固和腐蚀情况，检查时安全带（绳）应系在主杆或牢固的构件上。

（15）在杆塔高空作业时，应使用有后备绳的双保险安全带，安全带和保护绳应分挂在杆塔不同部位的牢固构件上，应防止安全带从杆顶脱出或被锋利物损坏。人员在转位时，手扶的构件应牢固，且不得失去后备保护绳的保护。220kV及以上线路杆塔宜设置高空作业人员上下杆塔的防坠安全保护装置。

（16）钢管杆横担处应设有检修人员转位时手扶用的牢固的构件。

三、防止机械伤害事故

（1）立、撤杆塔过程中，吊件垂直下方、受力钢丝绳的内角侧严禁有人。

（2）放线、撤线和紧线工作时，人员不得站在或跨在已受力的牵引绳上、导线的内角侧和展放的导、地线圈内以及牵引绳或架空线的垂直下方，防止意外跑线时抽伤。

（3）立杆及修整杆坑时，应有防止杆身倾斜、滚动的措施，如采用拉绳或叉杆控制等。

四、防止物体打击事故

（1）任何人进入生产现场（办公室、控制室、值班室和检修班组室除外），应戴合格的安全帽，并要扎紧系好下颚带。企业应制定职工安全帽佩戴场所的具体要求和管理规定。

（2）在高处作业现场，工作人员不得站在作业处的垂直下方，高空落物区不得有无关人员通行或逗留。在行人道口或入口密集区从事高处作业，工作点下方应设围栏或其他保护措施。

（3）在起吊、牵引过程中，受力钢丝绳的周围、上下方、内角侧和起吊物的下面，严禁有人逗留和通过。吊运重物不得从人头顶通过，吊臂下严禁站人。不准用手拉或跨越钢丝绳。

（4）在高处上下层同时作业时，中间应搭设严密牢固的防护隔离设施，以防落物伤人。工作人员必须戴安全帽。

（5）线路施工紧线时，应检查接线管或接线头在过滑轮、横担、树枝、房屋等处有无卡住现象。如遇导、地线有卡、挂住现象，应松线后处理。处理时操作人员应站在卡线处外侧，采用工具、大绳等撬、拉导线。严禁用手直接拉、推导线。

（6）线路拆旧施工时，断线杆塔要先安装可靠的拉线，做好防止倒杆塔措施。工作人员不得站在导线的下方和内角侧，防止断线时意外跑线伤人。

（7）立、撤杆塔过程中基坑内严禁有人工作。除指挥及指定人员外，其他人员应在离开杆塔高度的 1.2 倍距离以外。

五、防止交通事故

1. 防止车辆行驶事故

（1）驾驶员应严格执行《中华人民共和国道路交通安全法》及国家电网公司有关规定，每天出车前、后应对车辆进行安全性能方面的全面检查，并作详细记录，杜绝病车上路。不得驾驶安全设施不全或者有安全隐患的机动车，确保行车安全。严禁酒后驾车、私自驾车、无证驾车、疲劳驾驶、超速行驶、超载行驶。严禁领导干部迫使驾驶员违章驾车。

（2）驾驶员长途驾驶时间达 3h，必须休息一次，每次休息时间不应少于 20min。

（3）机动车行驶至有人看守路口、交叉路口、装卸作业、人行稠密地段、下坡道、设有警告标志处或转弯、调头时，货运汽车载运易燃、易爆等危险货物时，应当减速或者停车，在确认安全后通过。

（4）机动车行驶至积水路段、无人看守路口或机动车行经人行横道时，应当减速行驶；遇行人正在通过人行横道，应当停车让行。

（5）夜间行驶或者在容易发生危险的路段行驶，以及遇有沙尘、冰雹、雨、雪、雾、结冰等气象条件时，应当降低行驶速度。

（6）雨中行车时，禁止滑行并尽量避免猛打方向盘和紧急制动。应使用刮水器，发现工作不良应停止行驶进行检查排除。大雨或久雨后，应注意道路变化，尽量在路中行驶，会车减速或暂停时不要太靠路边土路，雨雾较大、视线不清，应选择安全地点暂停，开小灯和尾灯，放置警告牌。

（7）下坡行驶时，驾驶员要思想集中，判断准确，认真操作并随时做好停车准备，时刻注意制动器作用是否有效。根据坡度情况选择适当挡位，万一脚制动器失效，应马上越级换入低速挡，利用发动机制动作用和手动制动器控制车速。

（8）按规定超车，超车后在不影响被超车辆行驶的情况下，再驶入正常行驶路线，不准强行超车，不得超车后在高速行驶的情况下猛打方向盘以防车辆失控碰撞他车或路边行人、树木等。

（9）机动车在道路上发生故障，需要停车排除故障时，驾驶人应当立即开启危险报警闪光灯，将机动车移至不妨碍交通的地方停放；难以移动的，应当持续开启危险报警闪光灯，警告标志应当设置在故障车来车方向 150m 以外，车上人员应当迅速转移到右侧路肩上或者应急车道内，并且迅速报警。

（10）严禁驾驶员边开车边打手机或查看短信息。必要时，应选择安全地点靠右暂停，电话联系结束后，再集中精神驾驶。

（11）机动车载人不得超过核定的人数，客运机动车不得违反规定载货。乘车人的头、手不得伸出车厢挡板；车厢挡板上严禁坐人。

（12）驾驶员和乘坐人员在车辆行驶途中应按规定使用安全带。

（13）乘车人员严禁在车上玩耍、吵闹或与司机闲聊，影响司机驾驶，严禁向车外扔杂物。

2. 防止车辆在场区作业事故

（1）发电厂、变电站等工作场所或办公区域内道路上应在明显的位置按规定设置限速交通标志、警示标志，或者安全防护设施。应在职工上下班时间、就餐时间人流密集的出入口和路段，干道与职工人数较多的生产车间、办公楼衔接处标划出人行横道线（斑马线），必要时设置减速提示线，实行强制性减速。

（2）机动车在保证安全的情况下，在没有限速标志的厂站内行驶时，车速不得超过每小时 15km。

（3）变电站进行新、扩建施工时，应对运输道路进行硬化处理。车辆进入基建施工现场时，应将时速限制在 15km/h 以内。机动车在进出厂房、仓库大门、停车场、加油站、危险地段、生产现场、倒车时，时速不得超过 5km/h。

（4）变电站和发电厂升压站内通往户外设备区域的通道上，应设置移动式栏杆，上面可标注"未经许可，禁止车辆进入"或"生产重地，高压危险"等警告语。任何车辆进入高压设备场地内，包括检修车、工程车、大小货车、电试车、起重车以及外来车辆等，均应征得站长、值班长许可，并做好相应安全措施。防止安全距离不够，带电设备对车辆放电。

（5）生产现场内部使用的特殊车辆，如微型工具车、机械运输车、吊车、电瓶车、翻斗车、铲车等机械车辆，应按国家规定进行年检，由国家有关部门核发机动车辆牌照。

（6）厂区内机动车辆驾驶人员属特种作业人员，必须持证上岗。特种作业人员经国家有关部门考核、发证和按规定周期进行年审。驾驶员应按准驾车类驾驶，其他车种不得混开，并在企业范围指定区域内行驶。

（7）翻斗车、铲车、自卸车、吊重汽车等除驾驶室外，一律不准载人（包括操作室）。

（8）生产现场使用的铲车、翻斗车、电瓶车等，因工作需要装运质量轻而体积大的特殊物件遮挡驾驶员正常视线时，应预先制订保证安全的特殊运输方案和措施，设专人指挥，采用慢速倒车行驶等方式。

（9）施工作业需占用机动车道时，必须在来车方向前50m的机动车道上设置交通警示牌（若施工作业需占用高速公路车道时，必须在来车方向前150m的车道上设置交通警示牌），并将工作现场围蔽。夜间不能恢复道路原来状态时，应在警示牌上方悬挂红色警示灯。

（10）在公路或公路旁进行施工作业的工作人员，必须穿反光衣。路面应设置警示标志，机动车周围设围栏。

第二节　反事故措施

一、防止人身伤亡事故

1. 加强各类作业风险管控

根据工作内容做好各类作业各个环节风险分析，落实风险预控和现场管控措施。

（1）对于开关柜类设备的检修、预试或验收，针对其带电点与作业范围绝缘距离短的特点，不管有无物理隔离措施，均应加强风险分析与预控。

（2）对于隔离开关的就地操作，应做好支柱绝缘子断裂的风险分析与预控，监护人员应严格监视隔离开关动作情况，操作人员应视情况做好及时撤离的准备。

（3）对于高空作业，应做好各个环节风险分析与预控，特别是防静电感应和高空坠落的安全措施。

（4）对于业扩报装工作，应做好施工、验收、接电等各个环节的风险辨识与预控，严格履行正常验收程序，严禁单人工作、不验电、不采取安全措施以及强制解锁、擅自操作客户设备等行为。

（5）在作业现场内可能发生人身伤害事故的地点，应采取可靠的防护措施，并宜设立安全警示牌，必要时设专人监护。对交叉作业现场应制订完备的交叉作业安全防护措施。

2. 加强作业人员培训

（1）定期对有关作业人员进行安全规程、制度、技术、风险辨识等培训、考试，使其熟练掌握有关规定、风险因素、安全措施和要求，明确各自安全职责，提高安全防护、风险辨识的能力和水平。

（2）对于实习人员、临时和新参加工作的人员，应强化安全技术培训，并应在证明其具备必要的安全技能和在有工作经验的人员带领下方可作业。禁止指派实习人员、临时和新参加工作的人员单独工作。

（3）应结合生产实际，经常性开展多种形式的安全思想、安全文化教育，开展有针对性的应急演练，提高员工安全风险防范意识，掌握安全防护知识和伤害事故发生时的自救、互救方法。

3. 加强对外包工程人员管理

（1）加强对各项承包工程的安全管理，明确业主、监理、承包商的安全责任，严格资质审查，签订安全协议书，严禁层层转包或违法分包，严禁"以包代管""以罚代管"，并根据有关规定严格考核。

（2）监督检查分包商在施工现场的专（兼）职安全员配置和履职、作业人员安全教育培训、特种作业人员持证上岗、施工机具的定期检验及现场安全措施落实等情况。

（3）在有危险性的电力生产区域（如有可能引发火灾、爆炸、触电、高空坠落、中毒、窒息、机械伤害、烧烫伤等人员、电网、设备事故的场所）作业，发包方应事先对承包方相关人员进行全面的安全技术交底，要求承包方制定安全措施，并配合做好相关安全措施。

4. 加强安全工器具和安全设施管理

（1）认真落实安全生产各项组织措施和技术措施，配备充足的、经国家认证认可的质检机构检测合格的安全工器具和防护用品，并按照有关标准、规程要求定期检验，禁止使用不合格的工器具和防护用品，提高作业安全保障水平。

（2）对现场的安全设施，应加强管理、及时完善、定期维护和保养，确保其安全性能和功能满足相关规定、规程和标准要求。

5. 设计阶段应注意的问题

（1）在输变电工程设计中，应认真吸取人身伤亡事故教训，并按照相关规程、规定的要求，及时改进和完善安全设施及设备安全防护措施设计。

（2）施工图设计时，应严格执行工程建设强制性条文内容，编写输变电工程设计强制性条文执行计划表，突出说明安全防护措施设计。

6. 加强施工项目安全管理

（1）强化工程分包全过程动态管理。施工企业要制定分包商资质审查、准入制度，要做好核审分包队伍进入现场、安全教育培训、动态考核工作，对施工全过程进行有效控制，确保分包安全处于受控状态。

（2）抓好施工安全管理工作，建立重大及特殊作业技术方案评审制度，施工安全方案的变更调整要履行重新审批程序。施工单位要落实好安全文明施工实施细则、作业指导书等安全技术措施。

（3）严格执行特殊工种、特种作业人员持证上岗制度。项目监理部要严格执行特殊工种、特种作业人员进行入场资格审查制度，审查上岗证件的有效性。施工单位要加强特殊工种、特种作业人员管理，强调工作负责人不得使用非合格专业人员从事特种作业，要建立严格的惩罚制度，严肃特种作业行为规范。

（4）加强施工机械安全管理工作。要重点落实对老旧机械、分包单位机械、外租机械的管理要求，掌握大型施工机械工作状态信息，监理单位要严格现场准入审核。施工企业要落实起重机械安装拆卸的安全管理要求，严格按规范流程开展作业。

7. 加强运行安全管理

（1）严格执行"两票三制"，落实好各级人员安全职责，并按要求规范填写两票内容，确保安全措施全面到位。

（2）强化缺陷设备监测、巡视制度，在恶劣天气、设备危急缺陷情况下开展巡检、巡视等高风险工作，应采取措施防止雷击、中毒、机械伤害等事故发生。

二、防止交通事故

为防止电力生产交通事故的发生，应认真贯彻《中华人民共和国道路交通安全法》和《中华人民共和国道路交通安全法实施条例》及其他有关规定，并提出以下重点要求。

1. 建立健全交通安全管理机构

（1）建立健全交通安全管理机构（如交通安全委员会），按照"谁主管、谁负责"的原则，对本单位所有车辆驾驶人员进行安全管理和安全教育。交通安全应与安全生产同布置、同考核、同奖惩。

（2）建立健全本企业有关车辆交通管理规章制度并严格执行，逐渐完善安全管理措施（含场内车辆和驾驶员），做到不失控、不漏管、不留死角，监督、检查、考核到位，严禁客货混装，保障车辆运输安全。

（3）建立健全交通安全监督、考核、保障制约机制，严格落实责任制。必须实行"准驾证"制度，无本企业准驾证人员，严禁驾驶本企业车辆，强化副驾驶座位人员的监护职责。

（4）建立交通安全预警机制。按恶劣气候、气象、地质灾害等情况及时启动预警机制。

（5）各级行政领导，必须经常督促检查所属车辆交通安全情况，把车辆交通安全作为重要工作纳入议事日程，并及时总结，解决存在的问题，严肃查处事故责任者。

2. 加强对各种车辆维修管理

各种车辆的技术状况必须符合国家规定，安全装置完善可靠。对车辆必须定期进行检修维护，在行驶前、行驶中、行驶后对安全装置进行检查，发现危及交通安全问题，必须及时处理，严禁带病行驶。

3. 加强对驾驶员的管理和教育

（1）加强对驾驶员的管理，提高驾驶员队伍素质。定期组织驾驶员进行安全技术培训，提高驾驶员的安全行车意识和驾驶技术水平。对考试、考核不合格或经常违章肇事的应不准从事驾驶员工作。

（2）严禁酒后驾车，私自驾车，无证驾车，疲劳驾驶，超速行驶，超载行驶。严禁领导干部迫使驾驶员违章驾车。

4. 其他重点要求

（1）加强对多种经营企业和外包工程的车辆交通安全管理。多种经营企业和外地施工企业行政正职是本单位车辆交通安全的第一责任者，对主管单位行政正职负责。多种经营企业和外地施工企业的车辆交通安全管理应当纳入主管单位车辆交通安全管理的范畴，接受主管单位车辆交通安全管理部门的监督、指导和考核，对发生负同等及以上责任重、特大车辆交通人身死亡事故的多种经营企业和外地施工企业，对其主管单位实行一票否决。

（2）加强大型活动、作业用车和通勤用车管理，制定并落实防止重、特大交通事故的安全措施。

（3）大件运输、大件专场应严格履行有关规程的规定程序。

第八章　班组管理和作业安全监督

第一节　班组管理安全监督

输电线路带电作业班组的安全职责：

（1）贯彻落实"安全第一、预防为主、综合治理"的方针，按照"三级控制"制定本班组年度安全生产目标及保证措施，布置落实安全生产工作，并予以贯彻实施。

（2）执行各项安全工作规程，开展作业现场危险点预控工作，执行"二票三制"；执行检修规程及工艺要求，确保生产现场的安全，保证生产活动中人员与设备的安全。

（3）做好班组管理，做到工作有标准，岗位责任制完善并落实，设备台账齐全，记录完整。制订本班组年度安全培训计划，做好新入职人员、变换岗位人员的安全教育培训和考试。

（4）开展定期安全检查、隐患排查、"安全生产月"和专项安全检查等活动。积极参加上级各类安全分析会议、安全大检查活动。

（5）开展班前会、班后会，做好出工前"三交三查"工作，主动汇报安全生产情况。

（6）组织开展每周（或每个轮值）一次的安全日活动，结合工作实际开展经常性、多样性、行之有效的安全教育活动。

（7）开展班组现场安全稽查和自查自纠工作，制止人员的违章行为。

（8）定期组织开展安全工器具及劳动保护用品检查，对发现的问题及时处理和上报，确保作业人员工器具及防护用品符合国家、行业或地方标准要求。

（9）执行安全生产规章制度和操作规程。执行现场作业标准化，正确使用标准化作业程序卡，参加检修、施工等工作项目的安全技术措施审查，确保所辖设备检修、大修、业扩等工程的施工安全。

（10）加强所辖设备（设施）管理，组织开展电力设施的安装验收、巡视检查和维护检修，保证设备安全运行。定期开展设备（设施）质量监督及运行评价、分析，提出更新改造方案和计划。

（11）执行电力安全事故（事件）报告制度，及时汇报安全事故（事件），保证汇报内容准确、完整，做好事故现场保护，配合开展事故调查工作。

（12）开展技术革新，合理化建议等活动，参加安全劳动竞赛和技术比武，促进安全生产。

第二节　作业安全监督

一、工作前的准备

（1）带电作业应在良好的天气下进行。如遇雷电（听见雷声、看见闪电）、雪、雹、雨、雾等，禁止进行带电作业。风力大于 5 级，或湿度大于 80%时，一般不宜进行带电作业。

（2）对于比较复杂、难度较大的带电作业新项目和研制的新工具，应进行科学试验，确认安全可靠，编制操作工艺方案和安全措施，并经本单位分管生产领导（总工程师）批准后，方可进行和使用。

（3）参加带电作业的人员，应经专门培训，并经考试合格取得资格、单位书面批准后，方能参加相应的工作。

（4）带电作业工作票签发人或工作负责人、专职监护人应具有带电作业资格、带电作业实践经验的人员担任。

（5）带电作业应设专职监护人。专职监护人不得直接操作。监护的范围不得超过一个作业点。复杂或高杆塔作业必要时应增设（塔上）监护人。

（6）带电作业工作票签发人或工作负责人认为有必要时，应组织有经验的人员到现场勘查，根据结果作出进行带电作业的判断，并确定作业方法和所需工具以及应采取的措施。

（7）带电作业有下列情况之一者，应停用重合闸或直流再启动保护，并不得强送电：

1）中性点有效接地的系统中有可能引起单相接地的作业；

2）中性点非有效接地的系统中可能引起相间短路的作业；

3）直流线路中有可能引起单极接地或极间短路的作业；

4）工作票签发人或工作负责人认为需要停用重合闸或直流再启动保护的作业，禁止约时停用或恢复重合闸及直流再启动保护。

（8）开工前，工作负责人组织召开班前会，工作班全体人员列队并面向工作地点，进行"三交三查"。工作班全体人员清楚无疑义后逐一签名，方可进入现场。

（9）带电作业工具使用前，仔细检查确认没有损坏、受潮、变形、失灵，否则禁止使用，并使用 2500V 及以上绝缘电阻表或绝缘检测仪进行分段绝缘检测（电极宽 2cm，极间宽 2cm），阻值应不低于 700MΩ。

（10）带电作业工具使用前应根据工作负荷校核机械强度，并满足规定的安全系数。

（11）带电作业工具在运输过程中，带电绝缘工具应装在专用工具袋、工具箱或专用工具车内，以防受潮和损伤。发现绝缘工具受潮或表面损伤、脏伤脏污时，应及时处理并经试验或检测合格后方可使用。

二、保证安全的组织、技术措施

（1）认真执行工作票制度。

（2）按工作票内容布置的安全措施，在未办理工作终结前不得擅自变更和拆除。

（3）工作许可手续完成后，工作负责人、专责监护人应向工作班成员交待工作内容、人员分工、带电部位和现场安全措施，进行危险点告知，并履行确认手续，工作班方可开始工作。工作负责人、专责监护人应始终在工作现场，对工作班人员的安全认真监护，及时纠正不安全的行为。

（4）进行地电位带电作业时，人身与带电体的安全距离不得小于《安规》"表 5 带电作业时人身与带电体的安全距离"的规定。带电设备不能满足规定的最小安全距离时，应采取可靠的绝缘隔离措施。

（5）绝缘操作杆、绝缘承力工具和绝缘绳索的有效绝缘长度不得小于《安规》"表 6 绝缘工具最小有效绝缘长度"的规定。

（6）带电更换绝缘子或在绝缘子串上作业，必须保证作业中良好绝缘子片数不少于《安规》"表 7 良好绝缘子最少片数"的规定。

（7）更换直线绝缘子串或移动导线的作业，当采用单吊线装置时，应采取防止导线脱落时的后备保护措施。

（8）在绝缘子串未脱离导线前，拆、装靠近横担的第一片绝缘子时，应采用专用短接线或穿屏蔽服方可直接进行操作。

（9）在市区或人口稠密的地区进行带电作业时，工作现场应设置围栏，派专人监护，禁止非工作人员入内。

（10）非特殊需要，不应在跨越处下方或邻近有电力线路或其他弱电线路的档内进行带电架线、拆线的工作。如需进行，则应制订可靠的安全技术措施，经本单位分管生产领导（总工程师）批准后，方可进行。

三、作业过程

（1）带电作业人员工作负责人在带电作业开始前，应与值班调控人员联系。需要停用重合闸或直流再启动保护的作业和带电断接引线应由值班调控人员履行许可手续。带电作业结束后应及时向调控人员汇报。

（2）在带电作业过程中如遇设备突然停电，作业人员应视设备仍然带电。工作负责人应尽快与调控人员联系，值班调控人员未与工作负责人取得联系前不准强送电。

（3）进入作业现场应将使用的带电作业工具放置在防潮的帆布或绝缘垫上，防止绝缘工具在使用中脏污和受潮。

（4）带电作业工具应绝缘良好、连接牢固、转动灵活，并按厂家使用说明书、现场操作规程正确使用。

（5）等电位作业人员应在衣服外面穿合格的全套屏蔽服（包括帽、衣裤、手套、袜和鞋，750kV、1000kV 等电位作业人员还应戴面罩），且各部分应连接良好。屏蔽服内还应穿着阻燃内衣。禁止通过屏蔽服断、接接地电流、空载线路和耦合电容器的电容电流。

（6）等电位作业人员对接地体的距离应不小于《安规》"表5 带电作业时人身与带电体的安全距离"的规定，对相邻导线的距离应不小于《安规》"表 8 等电位作业人员对相邻导线的最小距离"的规定。

（7）等电位作业人员在绝缘梯上作业或者沿绝缘梯进入强电场时，其与接地体和带电体两部分间隙所组成的组合间隙不准小于《安规》"表9 等电位作业中的最小组合间隙"的规定。

（8）等电位作业人员沿绝缘子串进入强电场的作业，一般在 220kV 及以上电压等级的绝缘子串上进行。其组合间隙不准小于《安规》"表9 等电位作业中的最小组合间隙"的规定。若不能满足，应加装保护间隙。扣除人体短接的和零值的绝缘子片数后，良好绝缘子片数不准小于《安规》"表7 良好绝缘子最少片数"的规定。

（9）等电位作业人员在电位转移前，应得到工作负责人的许可。转移电位时，人体裸露部分与带电体的距离不应小于《安规》"表 10 等电位作业转移电位时人体裸露部分与带电体的最小距离"的规定。1000kV 等电位作业应使用电位转移棒进行电位转移。

（10）等电位作业人员与地电位作业人员传递工具和材料时，应使用绝缘工具或绝缘绳索进行，其有效长度不准小于《安规》"表 6 绝缘工具最小有效绝缘长度"的规定。

（11）等电位作业沿导、地线上悬挂软、硬梯或飞车进入强电场的规定：

1）续档距的导、地线上挂梯（或飞车）时，其导、地线的截面不准小于：钢芯铝绞线和铝合金绞线 120mm^2，钢绞线 50mm^2（等同 OPGW 光缆和配套的 LGJ—70/40 导线）。

2）有下列情况之一者，应经验算合格，并经本单位分管生产领导（总工程师）批准后方能进行：①在孤立档的导、地线上的作业；②在有断股的导、地线和锈蚀的地线上的作业；③在前述 1）条以外的其他型号导、地线上的作业；④两人以上在同档同一根导、地线上的作业。

3）在导、地线上悬挂梯子、飞车进行等电位作业前，应检查本档两端杆塔处导、地线的紧固情况；挂梯载荷后，应保持地线及人体对下方带电导线的安全间距比《安规》"表 5 带电作业时人身与带电体的安全距离"中的数值增大 0.5m。带电导线及人体对被跨越的电力线路、通信线路和其他建筑物的安全距离应比《安规》"表 5 带电作业时人身与带电体的安全距离"中的数值增大 1m。

4）在瓷横担线路上禁止挂梯作业，在转动横担的线路上挂梯前应将横担固定。

5）等电位作业人员在作业中禁止用酒精、汽油等易燃品擦拭带电体及绝缘部分，防止起火。

四、工作终结

（1）工作全部完毕，工作负责人应清点全部作业人员人数、姓名与工作票相符，并全部退出现场，确认现场安全措施已全部拆除，具备送电条件，方可办理工作票终结手续。

（2）禁止以传话、带信的方式清点人数，防止工作未完、人员没有全部撤离而误办工作终结手续，送电伤人。

（3）工作终结报告应简明扼要，使用规范的调度术语，说明工作负责人姓名，某线路上某处（说明起止杆号、分支线名称等）工作已完工，设备改动情况，工作地点所挂的接地线、个人保安线已全部拆除，线路上已无本班组工作人员和遗留物，可以送电。

（4）工作许可人在接到所有工作负责人（包括用户）的完工报告，并确认全部工作已经完毕，所有工作人员已由线路上撤离，接地线已全部拆除，与记录簿核对无误并做好记录后，方可下令拆除各侧安全措施，向线路恢复送电。

五、特殊（复杂）作业

1. 带电断、接引线

（1）带电断、接空载线路时，应确认线路的另一端断路器和隔离开关确已断开，接入线路侧的变压器、电压互感器确已退出运行后，方可进行。禁止带负荷断、接引线。

（2）带电断、接空载线路时，作业人员应戴护目镜，并应采取消弧措施。消弧工具的断流能力应与被断、接的空载线路电压等级及电容电流相适应。如使用消弧绳，则其断、接的空载线路的长度不应大于《安规》"表11 使用消弧绳断、接空载线路的最大长度"的规定，且作业人员与断开点应保持 4m 以上的距离。

（3）在查明线路确无接地、绝缘良好、线路上无人工作且相位确定无误后，方可进行带电断、接引线。

（4）带电接引线时未接通相的导线及带电断引线时已断开相的导线将因感应而带电，为防止电击，应采取措施后才能触及。

（5）禁止同时接触未接通的或已断开的导线两个断头，以防人体串入电路。

（6）禁止用断、接空载线路的方法使两电源解列或并列。

（7）带电断、接耦合电容器时，应将其信号、接地刀闸合上并应停用高频保护。被断开的电容器应立即对地放电。

（8）带电断、接空载线路、耦合电容器、避雷器、阻波器等设备引线时，应采取防止引流线摆动的措施。

2. 带电短接设备

（1）用分流线短接断路器、隔离开关、跌落式熔断器等载流设备，应遵守下列规定：

1）短接前一定要核对相位；

2）组装分流线的导线处应清除氧化层，且线夹接触应牢固可靠；

3）35kV 及以下设备使用的绝缘分流线的绝缘水平应符合《安规》"表 15 绝缘工具的试验项目及标准"的规定；

4）断路器应处于合闸位置，并取下跳闸回路熔断器，锁死跳闸机构后，方可短接；

5）分流线应支撑好，以防摆动造成接地或短路。

（2）阻波器被短接前，严防等电位作业人员人体短接阻波器。

（3）短接开关设备或阻波器的分流线截面和两端线夹的载流容量，应满足最大负荷电流的要求。

3. 带电清扫机械作业

（1）进行带电清扫工作时，绝缘操作杆的有效长度不准小于《安规》"表 6 绝缘工具最小有效绝缘长度"的规定。

（2）在使用带电清扫机械进行清扫前，应确认清扫机械工况（电机及控制部分、软轴及传动部等分）完好，绝缘部件无变形、脏污和损伤，毛刷转向正确，清扫机械已可靠接地。

（3）带电清扫作业人员应站在上风侧位置作业，应戴口罩、护目镜。

（4）作业时，作业人的双手应始终握持绝缘杆保护环以下部位，并保持带电清扫有关绝缘部件的清洁和干燥。

4. 高架绝缘斗臂车作业

（1）高架绝缘斗臂车应经检验合格。斗臂车操作人员应熟悉带电作业的有关规定，并经专门培训，考核合格、持证上岗。

（2）高架绝缘斗臂车的工作位置应选择适当，支撑应稳固可靠，并有防倾覆措施。使用前应在预定位置空斗试操作一次，确认液压传动、回转、升降、伸缩系统工作正常、操作灵活，制动装置可靠。

（3）绝缘斗中的作业人员应正确使用安全带和绝缘工具。

（4）高架绝缘斗臂车操作人员应服从工作负责人的指挥，作业时应注意周围环境及操作速度。在工作过程中，高架绝缘斗臂车的发动机不应熄火。接近和离开带电部位时，应由斗臂中人员操作，但下部操作人员不准离开操作台。

（5）绝缘臂的有效绝缘长度应大于《安规》"表 12 绝缘臂的最小有效绝缘长度"的规定，且应在下端装设泄漏电流监视装置。

（6）绝缘臂下节的金属部分，在仰起回转过程中，对带电体的距离应按《安规》"表 5 带电作业时人身与带电体的安全距离"的规定值增加 0.5m。工作中车体应良好接地。

5. 带电检测绝缘子（使用火花间隙检测器）

（1）检测前，应对检测器进行检测，保证操作灵活，测量准确。

（2）少于 3 片的悬式绝缘子不准使用火花间隙检测器进行检测。

（3）检测 35kV 及以上电压等级的绝缘子串时，当发现同一串中的零值绝缘子片数达到《安规》"表 14 一串中允许零值绝缘子片数"的规定时，应立即停止检测。

附录 A　现场标准化作业指导书（卡）范例

编号：Q/××××-001

220kV×××线#××塔带电检测零值瓷质绝缘子

编写：　　　　　　　　　　年　　　月　　　日

审核：　　　　　　　　　　年　　　月　　　日

批准：　　　　　　　　　　年　　　月　　　日

作业负责人：

作业时间：　　　年　　月　　日　　时至　　年　　月　　日　　时

××省电力公司××供电公司输电运检室

1 适用范围

适用于××省电力公司××供电公司输电运检室 220kV××××线#××塔带电检测零值绝缘子。

2 引用文件

下列文件中的条款通过本作业指导书的引用而成为本作业指导书的条款。

略

3 前期准备

3.1 准备工作安排

√	序号	内容	标准	责任人	备注
	1	现场勘察	作业前，工作票签发人查看本次工作范围的图纸资料，了解现场及情况，以及杆塔附近地形状况、周围环境、交叉跨越情况等，分析存在的危险点并制定预控措施，确定作业方法		
	2	查阅有关资料	（1）了解塔型、呼高、导线型号等相关资料，确定使用带电作业工具的型号； （2）工作票签发人根据工作的复杂程度和现场情况，合理选择工作负责人和工作班人员，填写并签发电力线路带电作业工作票，签发前应经工作负责人审核； （3）工作票和工作任务单应一同下发给工作负责人，专业室应提前向调控中心提出不停用线路重合闸，但一经跳闸未经联系不得强送的申请		
	3	了解现场气象条件	判断是否符合安规对带电作业要求		
	4	组织现场作业人员学习作业指导书	掌握整个操作程序，理解工作任务及操作中的危险点及控制措施		

3.2 作业人员

本项目作业人员不少于 3 人。

3.2.1 作业人员要求

√	序号	责任人	资质	人数	责任人	备注
	1	工作负责人（监护人）	应具有 3 年以上的输电带电作业实际工作经验，熟悉设备状况，具有一定组织能力和事故处理能力，并经工作负责人的专门培训，考试合格	1		
	2	杆塔上作业人员	应通过 220kV 输电线路带电作业专项培训，考试合格并持有上岗证	1		
	3	地面作业人员	应通过 220kV 输电线路带电作业专项培训，考试合格并持有上岗证	1		

3.2.2 作业人员分工

√	序号	责任人	分工	责任人签名
	1	××	工作负责人（监护人）	
	2	××	1号杆塔上电工	
	3	××	2号地面电工	

3.3 工器具

出库时应进行外观检查，并确定是在合格的试验周期内。

3.3.1 个人安全防护用具

√	序号	名称	规格/编号	单位	数量	备注
	1	安全带（带二防）		根	1	
	2	安全帽		顶	3	

3.3.2 金属工具

√	序号	名称	规格/编号	单位	数量	备注
	1	火花间隙检测装置	220kV	套	1	
	2	绝缘电阻检测仪	220kV	套	1	选用
	3	分布电压检测仪	220kV	套	1	选用

3.3.3 绝缘工具

绝缘工器具的机械及电气强度均应满足安规要求，周期预防性及检查性试验合格。

√	序号	名称	规格/编号	单位	数量	备注
	1	绝缘测零杆	$\phi30\times4000$	根	1	
	2	绝缘滑车	0.5t	只	1	
	3	绝缘传递绳	$\phi10\times50m$	根	1	视作业杆塔高度而定
	4	绝缘绳套	$\phi10$	根	1	

3.3.4 辅助安全用具

√	序号	名称	规格/编号	单位	数量	备注
	1	防潮苫布	3m×3m	块	1	
	2	万用表		块	1	检测屏蔽服连接用
	3	绝缘电阻表（或绝缘工具测量仪）	2.5kV及以上	块	1	电极宽2cm，极间距2cm
	4	湿度仪		块	1	
	5	风速仪		块	1	
	6	工具袋		只	2	装绝缘工具用
	7	脚扣		副		混凝土杆用

3.4　危险点分析

√	序号	危险点	控制及防范措施
	1	误登杆塔	登塔前必须仔细核对线路双重命名、杆塔号，确认无误后方可上塔
	2	触电伤害	杆上作业人员要保持 1.8m 的安全距离；绝缘传递绳安全长度不小于 1.8m；绝缘操作杆的有效长度不小于 2.1m
	3	高空坠落	上、下杆塔的过程中，双手不得持带任何工具物品等，工作过程中应正确使用安全带。杆塔上作业时，不得失去安全带的保护
	4	其他	根据现场实际情况，补充必要的危险点分析和预控内容

3.5　安全注意事项

√	序号	内容
	1	若在海拔 1000m 以上线路带电作业时，应根据作业区不同海拔高度，修正各类空气间隙、绝缘工具的安全距离和长度、绝缘子片数等，经本单位主管生产领导（总工程师）批准后执行
	2	本次作业应经现场勘查并编制带电检测绝缘子零值的现场作业指导书，经本单位技术负责人或主管生产负责人批准后执行
	3	作业应在良好的天气下进行，如遇雷电（听见雷声、看见闪电）、雪雹、雨雾、时不得进行带电作业。风力大于 5 级（10m/s）时，不宜进行作业
	4	若需在空气湿度大于 80% 的天气下进行带电作业时，应采用具有防潮性能的绝缘工具
	5	本次作业前应向调控中心明确：若线路跳闸，不经联系不得强送电
	6	杆塔上电工与带电体的安全距离不小于 1.8m
	7	绝缘传递绳有效长度不小于 1.8m，绝缘操作杆的有效长度不小于 2.1m
	8	地面绝缘工具应放置在防潮苫布上，作业人员均应戴清洁干燥手套，摇测绝缘电阻值不得小于 700 MΩ（电极宽 2cm，极间距 2cm）
	9	绝缘工具使用前应用干净毛巾进行表面处理，作业人员使用绝缘工具应戴清洁、干净手套，以防绝缘工具受潮和污染，收工或转移作业点时，应将绝缘工具装在工具袋内
	10	杆上电工上杆前，应对登高工具和安全带进行检查和冲击试验，全体作业人员必须戴安全帽
	11	上、下杆塔、塔上移位时，作业人员必须攀抓牢固构件，且双手不得持带任何器材
	12	杆上作业不得失去安全带的保护
	13	地面电工严禁在作业点垂直下方逗留，杆塔上电工应防止高空落物，使用的工具、材料应用绳索传递，不得乱扔
	14	作业前应校核调整火花间隙距离，间隙放电电压参考值：1mm——2kV，1.5mm——2.5kV，2mm——3kV，3mm——4kV。间隙距离的数值一般在 1～3mm，以每串绝缘子中间靠横担的绝缘子有轻微放电声的间隙距离为基准进行调整
	15	检测时当同一串的零值绝缘子达到 5 片时（绝缘子片数超过 13 片时应相应增加），应立即停止检测
	16	作业人员在杆塔上作业期间，工作监护人应对作业人员进行不间断监护，且不得从事其他工作

4 作业程序

4.1 开工

√	序号	内容	作业人员签字
	1	工作负责人持电力线路带电作业工作票、本次作业的现场作业指导书	
	2	向调控中心申请，××供电公司输电运检室××班组，需在220kV××线#××塔上检测零值瓷质绝缘子，不申请停用线路重合闸，若遇线路跳闸，不经联系不得强送	
	3	工作负责人组织全体工作人员戴好安全帽在现场列队宣读工作票，交代工作任务、安全措施、技术措施，检查工作人员精神状况、着装情况和工器具是否完好齐全，明确作业分工及安全注意事项。工作班成员明确后，在工作票上签字。工作负责人发布开始工作的命令	

4.2 作业内容及标准

√	序号	作业工序和内容	工艺标准和安全要求	责任人签字
	1	核对现场： 1）核对线路双重命名、杆塔号； 2）核对现场情况； 3）现场列队进行"三交三查"工作	1）由登塔人员核对双重命名、杆塔号，工作负责人确认； 2）由工作负责人核对现场情况； 3）工作负责人在开工前，在现场召集全体作业人员列队，交待工作任务、安全措施，检查工器具是否完备和登塔人员精神状况是否良好	
	2	检测工具： 1）对安全用具、绳索及专用工具进行外观检查； 2）对绝缘工具进行绝缘电阻检测； 3）登塔电工进行绝缘安全带、防坠器外观及冲击试验检查，核对线路双重命名、杆塔号	1）安全用具、工器具外观检查合格无损伤、变形、失灵现象； 2）绝缘工具使用前，应用2500V绝缘电阻表或绝缘检测仪进行分段绝缘检测（电极宽2cm，极间宽2cm），电阻值应不低于700MΩ； 3）绝缘安全带、防坠器外观及冲击检查合格，线路双重命名正确，并向工作负责人汇报清楚	
	3	登杆： 1）作业人员身背绝缘绳、绝缘单门滑车和绳套，登塔工作； 2）工作负责人严格监护	1）作业人员登塔前正确佩带个人安全用具，杆塔有防坠装置的，应使用防坠装置，登塔及杆塔上转移过程中，双手不得持带任何工具物品等。作业人员，必须正确使用安全带，在塔上作业时，不得失去安全带及长腰绳的双重保护； 2）监护人专责监护，不得直接操作	
	4	进入横担： 1）杆上作业人员登塔至横担处，系好安全带，将绝缘滑车及绝缘传递绳悬挂在适当的位置上；	1）安全带未系好前，不得除去防坠器； 2）塔上作业人员与带电体保持1.8m以上安全距离； 3）传递绳有效绝缘长度不小于1.8m； 4）上、下工作人员要密切配合，地面上作业人员要听从杆塔上作业人员的指挥； 5）监护人专责监护	

106

续表

√	序号	作业工序和内容	工艺标准和安全要求	责任人签字
	4	2）地面电工将瓷质绝缘子检测装置（火花间隙检测装置、绝缘电阻检测仪、分布电压检测仪）与绝缘操作杆组装好后，用绝缘传递绳传递给塔上电工； 3）工作负责人严格监护	1）安全带未系好前，不得除去防坠器； 2）塔上作业人员与带电体保持 1.8m 以上安全距离； 3）传递绳有效绝缘长度不小于 1.8m； 4）上、下工作人员要密切配合，地面上作业人员要听从杆塔上作业人员的指挥； 5）监护人专责监护	
	5	检测： 1）作业人员从导线侧第一片绝缘子开始；按顺序逐片向横担侧测量； 2）按相同的方法进行其他两相绝缘子检测； 3）工作负责人严格监护	1）杆塔上作业人员转移位置时，不得失去安全带的保护； 2）绝缘操作杆的有效绝缘长度不得小于 2.1m； 3）监护人专责监护	
	6	下杆： 1）检查杆塔上无遗留物； 2）杆塔上作业人员下至地面； 3）工作负责人严格监护	1）确认杆塔上无遗留物； 2）下塔时，应使用防坠装置，下塔过程中，双手不得持带任何工具物品等； 3）监护人专责监护	
	7	清理场地： 1）塔上无遗留的工具材料等； 2）清理地面工作现场； 3）发现的问题及处理情况	1）自查工作中有无异常情况； 2）确认工器具均已收齐，工作现场做到"工完、料净、场地清"	

4.3   工作终结及汇报

√	序号	内容	负责人签字
	1	清理现场及工具，认真检查杆（塔）上有无留遗物，工作负责人全面检查工作完成情况，无误后撤离现场，做到人走场清	
	2	工作负责人向调控中心汇报。内容为：220kV××线#××塔上带电检测零值瓷质绝缘子工作已结束，人员已撤离，杆塔上无遗留物	

4.4   消缺记录

√	序号	缺陷内容	消除人员签字

4.5   验收总结

√	序号	检修总结	
	1	验收评价	
	2	存在问题及处理意见	

4.6 指导书执行情况评估

评估内容	符合性	优		可操作项	
		良		不可操作项	
	可操作性	优		修改项	
		良		遗漏项	
存在问题					
改进意见					

附录 B　作业现场处置方案范例

【方案一】工作人员应对高空坠落现场处置方案

一、工作场所

××供电公司高空作业现场。

二、事件特征

作业人员在高空作业时，从高处坠落至地面、高处平台或悬挂空中，造成人身伤害。

三、现场人员应急职责

1. 现场负责人

（1）组织救助伤员。

（2）汇报事件情况。

2. 现场其他人员

救助伤员。

四、现场应急处置

1. 现场应具备条件

（1）通信工具及上级、急救部门电话号码。

（2）急救箱及药品。

2. 现场应急处置程序及措施

（1）作业人员坠落至高处或悬挂在高空时，现场人员应立即使用绳索或其他工具将坠落者解救至地面进行检查、救治；如果暂时无法将坠落者解救至地面，应采取措施防止二次坠落。

（2）人体若被重物压住，应立即利用现场工器具使伤员迅速脱离重物，现场施救困难时，应立即向上级部门或拨打"110"请求救援。

（3）高空坠落伤害事件发生后，应采取措施将受伤人员转移至安全地带。

（4）对于坠落地面人员，现场人员应根据伤者情况采取止血、固定、心肺复苏等相应急救措施。

（5）送伤员到医院救治或拨打"120"急救电话求救。

（6）向上级部门汇报高空坠落人员受伤及救治等情况。

五、注意事项

（1）对于坠落昏迷者，应采取按压人中、虎口或呼叫等措施使其保持清醒状态。

（2）解救高空伤员过程中要不断与之交流，询问伤情，防止昏迷，并对骨折部位采取固定措施。

六、联系电话

序号	部门	联系人	电话
1	医疗急救		120
2	救援报警		110
3	本单位安监部门		
4	本单位领导		

【方案二】工作人员应对高压触电现场处置方案

一、工作场所

××供电公司生产作业现场。

二、事件特征

作业人员在电压等级 1000V 及以上的设备上工作，发生触电，造成人员伤亡。

三、现场人员应急职责

1. 现场负责人

（1）组织抢救触电人员。

（2）向上级部门汇报触电事故情况。

2. 现场人员

抢救触电人员。

四、现场应急处置

1. 现场应具备条件

（1）通信工具及上级、急救部门电话号码。

（2）电工工器具、绝缘鞋、绝缘手套等安全工器具。

（3）急救箱及药品。

2. 现场应急处置程序及措施

（1）现场人员立即使触电人员脱离电源。①立即通知有关部门（调控中心或值班运维人员）或用户停电。②戴上绝缘手套，穿上绝缘靴，用相应电压等级的绝缘工具按顺序拉开电源开关、熔断器或将带电体移开。③采取相关措施使保护装置动作，断开电源。

（2）如触电人员悬挂高处，现场人员应尽快解救至地面；如暂时不能解救至地面，应考虑相关防坠落措施，并拨打"110"求救。

（3）根据触电人员受伤情况，采取止血、固定、人工呼吸、心肺复苏等相应急救措施。

（4）如触电者衣服被电弧光引燃时，应利用衣服、湿毛巾等迅速扑灭其身上的火源，着火者切忌跑动，必要时可就地躺下翻滚，使火扑灭。

（5）现场人员将触电人员送往医院救治或拨打"120"急救电话求救。

（6）向上级部门汇报触电人员受伤及抢救情况。

五、注意事项

（1）严禁直接用手、金属及潮湿的物体接触触电人员。

（2）救护人在救护过程中要注意自身和被救者与附近带电体之间的安全距离（高压设备接地时，室内安全距离为 4m，室外安全距离为 8m），防止再次触及带电设备或跨步电压触电。

（3）解救高空伤员过程中要询问伤员伤情，并对骨折部位采取固定措施。

（4）在医务人员未接替救治前，不应放弃现场抢救。

六、联系电话

序号	部门	联系人	电话
1	医疗急救		120
2	救援报警		110
3	本单位安监部门		
4	本单位领导		

【方案三】工作人员应对突发交通事故现场处置方案

一、工作场所

××供电公司工作车辆行驶途中。

二、事件特征

工作车辆在行驶途中发生交通事故，车辆受损、人员伤亡。

三、现场人员应急职责

1. 驾驶员

（1）采取防次生事故措施。

（2）组织营救伤员，向有关部门报警。

（3）汇报本单位车辆管理部门，并保护现场。

2. 乘坐人员

（1）协助现场处置。

（2）当驾驶员伤亡时，履行驾驶员职责。

四、现场应急处置

1. 现场应具备条件

（1）通信工具，上级及公安消防部门电话号码。

（2）照明工具、灭火器、千斤顶、安全警示标志等工器具。

（3）急救箱及药品。

2. 现场应急处置程序及措施

（1）发生交通事故后，驾驶员立即停车，拉紧手制动，切断电源，开启双闪警示灯，在车后 50～100m 处设置危险警告标志，夜间还需开启示廓灯和尾灯；组织车上人员疏散到路外安全地点。

（2）检查人员伤亡和车辆损坏情况，利用车辆携带工具解救受困人员，转移至安全地点；解救困难或人员受伤时向公安、急救部门报警求助。

（3）现场抢救伤员，根据伤情采取止血、固定、预防休克等急救措施进行救治。

（4）事故造成车辆着火时，应立即救火，并做好预防爆炸的安全措施。

（5）驾驶员将事故发生的时间、地点、人员伤亡等情况汇报本单位车辆管理部门。

（6）配合交警开展事故原因调查和责任界定。

五、注意事项

（1）在伤员救治和转移过程中，采取固定等措施，防止伤情加重。

（2）发生交通事故时要保持冷静，记录肇事车辆、肇事司机等信息，保护好事故现场，并用手机、相机等设备对现场拍照，依法合规配合做好事件处理。

（3）在无过往车辆或救护车的情况下，可以动用肇事车辆运送伤员到医院救治，但要做好标记，并留人看护现场。

六、联系电话

序号	部门	联系人	电话
1	医疗急救		120
2	交通事故报警		110
3	高速报警		12122
4	本单位车辆管理部门		
5	本单位领导		